U0229536

工学结合·基于工作过程导向的项目化创新系列教材
国家示范性高等职业教育机电类"十三五"规划教材

金属加工实训教程

Jinshu Jiagong Shixun Jiaocheng

▲主　编　王　兵　吴素珍

▲副主编　曾　艳　汪丽华　刘　义

▲参　编　刘　军　王群芝　丁　轶

　　　　　李文渊　杨　东

华中科技大学出版社
http://www.hustp.com
中国·武汉

内 容 简 介

　　金属加工技能训练是职业院校机械制造专业重要的专业课程。本书由金属零件的普通车削训练、钳工训练、金属零件的数控车削训练、金属零件的数控铣削训练 4 个训练章节组成,共包含 24 个学习任务。本书在编写过程中注意职业教育的特点,重视基本技能训练,可以满足教学和企事业单位工人自学的需求。

　　本书可作为职业院校机械制造等相关专业的教学用书,也可作为机械加工及机械制造等行业技术工人的培训用书。

图书在版编目(CIP)数据

金属加工实训教程/王兵,吴素珍主编.—武汉 :华中科技大学出版社,2017.6
ISBN 978-7-5680-2863-9

Ⅰ.①金…　Ⅱ.①王…　②吴…　Ⅲ.①金属加工-高等职业教育-教材　Ⅳ.①TG

中国版本图书馆 CIP 数据核字(2017)第 108443 号

金属加工实训教程　　　　　　　　　　　　　　　　　　　　　王　兵　吴素珍　主编
Jinshu Jiagong Shixun Jiaocheng

策划编辑:倪　非
责任编辑:徐桂芹
责任监印:朱　玢
出版发行:华中科技大学出版社(中国·武汉)　　　电话:(027)81321913
　　　　　武汉市东湖新技术开发区华工科技园　　　邮编:430223
录　　排:华中科技大学惠友文印中心
印　　刷:武汉市籍缘印刷厂
开　　本:787mm×1092mm　1/16
印　　张:13.5
字　　数:356 千字
版　　次:2017 年 6 月第 1 版第 1 次印刷
定　　价:30.00 元

金属加工技能训练是职业院校工科类学生进行工程训练的重要实践环节之一。本书在编写过程中以学生就业为导向，以企业用人标准为依据，以"淡化理论，够用为度"为指导思想，充分考虑各地不同的办学条件，以及不同学生的认知能力的差别。

全书详细介绍了机械加工和机械制造方面的基础知识，在结构体系的安排上，力求方便、灵活；在专业知识内容上，采用最新的国家标准，充实新知识、新技术、新工艺和新方法，摒弃繁、难、旧的理论知识，注重加强技能方面的训练；在表达方式上，图文并茂，强调由浅入深、师生互动和学生自主学习，使学生可以对相关操作有更直观、清晰的认识，可以让学生比较轻松地学习。

本书可供机械加工及机械制造等行业的工程技术人员参考阅读，也可作为各类职业院校机械制造等相关专业的教学用书。

本书由王兵、吴素珍担任主编，由曾艳、汪丽华、刘义担任副主编，参加编写的还有刘军、王群芝、丁轶、李文渊和杨东。

由于编者水平有限，书中难免有不足之处，敬请读者批评与指正。

编　者
2017 年 3 月

训练一　金属零件的普通车削训练 …………………………………………………… (1)

　　任务一　普通车床的操作 ………………………………………………………… (1)

　　任务二　常用量具的认读与使用 ………………………………………………… (17)

　　任务三　车刀的刃磨 ……………………………………………………………… (27)

　　任务四　轴类零件的车削加工 …………………………………………………… (36)

　　任务五　套类零件的车削加工 …………………………………………………… (54)

　　任务六　圆锥零件的车削加工 …………………………………………………… (67)

　　任务七　成形面的车削加工 ……………………………………………………… (71)

　　任务八　螺纹零件的车削加工 …………………………………………………… (76)

训练二　钳工训练 …………………………………………………………………… (87)

　　任务一　划线操作 ………………………………………………………………… (87)

　　任务二　錾削操作 ………………………………………………………………… (97)

　　任务三　锯削操作 ………………………………………………………………… (109)

　　任务四　锉削操作 ………………………………………………………………… (115)

　　任务五　钻孔操作 ………………………………………………………………… (126)

　　任务六　攻、套螺纹 ……………………………………………………………… (135)

训练三　金属零件的数控车削训练 ………………………………………………… (146)

　　任务一　数控车床的操作 ………………………………………………………… (146)

　　任务二　简单轴类零件的数控车削编程 ………………………………………… (157)

　　任务三　复杂工件的数控车削编程 ……………………………………………… (161)

　　任务四　螺纹的数控车削编程 …………………………………………………… (166)

　　任务五　特殊型面工件的数控车削编程 ………………………………………… (172)

训练四　金属零件的数控铣削训练 ………………………………………………… (179)

　　任务一　数控铣床的操作 ………………………………………………………… (179)

　　任务二　轮廓工件的数控铣削编程 ……………………………………………… (187)

　　任务三　型腔工件的数控铣削编程 ……………………………………………… (192)

　　任务四　孔工件的数控铣削编程 ………………………………………………… (194)

　　任务五　曲面工件的数控铣削编程 ……………………………………………… (201)

参考文献 ……………………………………………………………………………… (207)

训练一
金属零件的普通车削训练

机械加工中,许多零部件都是通过车削加工完成的。车削是机械加工中主要的加工方法之一。车削是在普通车床上利用工件的旋转运动和刀具的直线(或曲线)运动来改变毛坯的形状和尺寸,使之成为合格产品的一种普通的金属切削方法。

◀ 任务一　普通车床的操作 ▶

【任务目标】

掌握图 1-1 所示的 CA6140 型卧式车床的组成、操作、维护与保养。

图 1-1　CA6140 型卧式车床

【任务相关内容】

一、认识车床

1. 常用车床

车床的种类很多,常用的有卧式车床、立式车床、转塔车床、仿形车床、单轴自动车床、多轴半自动车床,以及各种专用车床等,如表 1-1 所示。

表 1-1　常用车床

种 类 名 称	外 形 结 构	功 能 说 明
卧式 车床		使用最多,主要用于单件、小批量的轴类、盘类工件的生产加工

种类名称	外形结构	功能说明
仪表车床		结构相对简单,只有一个电机和一个床体,适用于加工一些不是十分精密的小型零件
立式车床 — 单柱式		立式车床的主轴垂直分布,有一个水平布置的直径很大的圆形工作台,适用于加工径向尺寸大而轴向尺寸相对较小的大型和重型工件
立式车床 — 双柱式		
转塔车床		转塔车床没有尾座、丝杠,但有一个可绕垂直轴线旋转的六角回转刀架,可装夹多把刀具。通常,刀架只能作纵向进给运动
回轮车床		回轮车床也没有尾座,但有一个可绕水平轴线旋转的圆盘形回轮刀架。刀架可沿床身导轨作纵向进给运动,并绕自身轴线缓慢回转并作横向进给运动

续表

种类名称	外形结构	功能说明
自动车床		自动车床能自动完成一定的切削加工循环,并可自动重复这种循环,减轻了劳动强度,提高了加工精度和生产效率,适用于加工大批量、形状复杂的工件
仿形车床		仿形车床是通过仿形刀架按样板或样件表面作纵、横向随动运动,使车刀自动加工出相应形状的被加工零件的。仿形车床适用于加工大批量的圆柱形、圆锥形、阶梯形及其他成形旋转曲面的轴、盘、套、环类工件
专用车床		专用车床是为加工某一类(种)零件所设计制造或改装而成的,零件的加工具有单一(专用)性。左图所示为泵阀加工专用车床

2. 车床的型号及其含义

车床型号不仅是一个代号,而且能表示出车床的种类、主要技术参数、性能和结构特点。车床型号由字母及数字组成,如 CA6140。CA6140 各代号的含义如图 1-2 所示,详述如下。

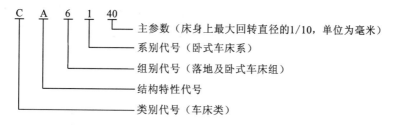

图 1-2　CA6140 各代号的含义

（1）CA6140 中的"C"是机床的类别代号。类别代号是以机床名称第一个字的汉语拼音的第一个字母的大写来表示的,如"C"代表车(che)床,"Z"代表钻(zuan)床。

（2）CA6140 中的"A"是机床的结构特性代号,它属于机床特性代号,机床特性代号还包括通用特性代号。通用特性代号和结构特性代号都是用大写字母来表示的。

（3）CA6140 中的"6"和"1"分别是机床的组、系别代号。机床的组、系别代号用数字表示。每类机床按用途、性能、结构等分为 10 个组,每组分为 10 个系。

（4）CA6140 中的"40"是机床的主参数。

3. 车床的基本组成

CA6140 型卧式车床由主轴箱、交换齿轮箱、进给箱、溜板箱、床身、尾座等组成，如图 1-3 所示。

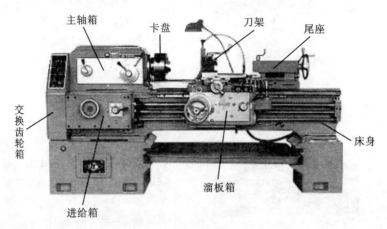

主轴箱　卡盘　刀架　尾座　床身　溜板箱　进给箱　交换齿轮箱

图 1-3　CA6140 型卧式车床的组成

1）床身

床身是车床的大型基础部件，有两条精度要求很高的 V 形导轨和矩形导轨，主要用于支承和连接车床的各个部件，并保证各部件在工作时有准确的相对位置。

2）主轴箱

主轴箱又称为床头箱，主要用于支承主轴并带动工件作旋转运动。主轴箱内装有齿轮、轴等零件，以组成变速传动机构。变换主轴箱外手柄的位置，可使主轴获得多种转速，并带动装夹在卡盘上的工件一起旋转。

3）交换齿轮箱

交换齿轮箱主要用于将主轴箱的运动传递给进给箱。更换箱内的齿轮，配合进给箱变速机构，可以车削各种导程的螺纹（或蜗杆），也可以满足车削时对纵向和横向不同进给量的需求。

4）进给箱

进给箱又称为走刀箱，是进给传动系统的变速机构。它把交换齿轮箱传递来的运动，经过变速后传递给丝杠，以车削各种螺纹，或传递给光杠，以实现机动进给。

5）溜板箱

溜板箱接受光杠（或丝杠）传递来的运动，通过快移机构驱动刀架部分，实现车刀的纵向或横向运动。

6）刀架

刀架用于装夹车刀并带动车刀作纵向运动、横向运动、斜向运动和曲线运动。沿工件轴向的运动为纵向运动，垂直于工件轴向的运动为横向运动。

7）尾座

尾座安装在床身导轨上，沿此导轨纵向移动尾座，可以调整其工作位置。尾座主要用于安装后顶尖，以支承较长的工件，也可用于装夹钻头或铰刀等进行孔的加工。

8）床脚

前、后两个床脚分别与床身前、后两端的下部连为一体，用以支承床身及安装床身上的各个部件。使用车床时,可以通过调整垫铁块把床身调整到水平状态,并用地脚螺栓把整台车床固定在工作场地上。

二、车床的基本操作

1. 安全文明生产

安全文明生产不仅会影响人身安全、产品质量和经济效益,而且会影响设备、工具、量具的使用寿命与操作人员技术水平的正常发挥,因此必须严格执行安全文明生产制度。

1)安全生产的注意事项

(1)工作时应穿工作服,女同学应将头发盘起或戴工作帽将长发塞入帽中。特别要强调的是,操作时不准戴手套,如图1-4所示。

(2)严禁穿裙子、背心、短裤和拖(凉)鞋进入工作场地。

(3)工作时必须集中精力,注意手、身体和衣服不能靠近正在旋转的机件,如工件、皮带、齿轮等。

(4)工件和车刀必须装夹牢固,否则会飞出伤人。

(5)装夹好工件后,必须随即将卡盘扳手从卡盘上取下来,如图1-5所示,否则会造成事故。

(6)装卸工件、更换刀具、测量加工表面及变换速度时,必须先停车。

(7)车床运转时,不能用手去摸工件表面,尤其是加工螺纹时,更不能用手摸螺纹面,严禁用布擦转动的工件,如图1-6所示。

 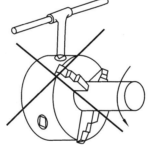 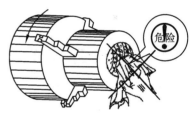

图1-4 操作中的错误习惯　　图1-5 错误的做法　　图1-6 车内螺纹时不安全的操作

(8)不能直接用手清理切屑,要用专用的铁钩来清理。

(9)不准用手去制动转动的卡盘。

(10)不能随意拆装车床电器。

(11)工作中发现车床、电气设备有故障,应及时报告,由专业人员来维修,切不可在未修复的情况下使用车床。

2)文明生产的要求

(1)开车前要检查车床各部分是否完好,各手柄是否灵活,各手柄的位置是否正确,同时检查各注油孔并进行润滑,然后让车床低速空转2~3分钟,待车床运转正常后才能让车床开始工作。

(2)为了保持丝杠的精度,除了车削螺纹外,不得使用丝杠进行机动进给。

(3)刀具、量具及其他工具要放置稳妥,便于操作时取用,如图1-7所示,用完后应放回原处。

(4)要正确使用和爱护量具,用后要擦净、涂油并放入盒中。

图1-7 刀具、量具及其他工具的摆放

（5）车床床面不允许放置工件或工具，更不允许敲击床身导轨。

（6）图样、工艺卡片应放在便于自己阅读的位置，并注意保持其清洁和完整。

（7）使用切削液之前，应在导轨上涂润滑油，车削铸铁时应先擦去导轨上的润滑油。

（8）工作场地的周围应保持清洁、整齐，避免堆放杂物，以防绊倒。

（9）工作完后，应将所用物件擦净归位，清理车床、刷去切屑、擦净车床各部分的油污，按规定加注润滑油，将拖板摇至规定的地方（对于短车床应将拖板摇至尾座一端，对于长车床应将拖板摇至车床导轨的中央），将各转动手柄转至空挡位置，最后关闭电源，把车床周围打扫干净。

3）安全用电常识

（1）如果电动机、电气箱等没有安装在机床上，必须另行单独接地，如图1-8所示。

（2）电气设备的开关、手柄、按钮等操作元件应无损坏，电气箱的门、盖应关严。

（3）使用车间内的移动电器时，应特别注意安全，手电钻、行灯、电扇等的插头、插座，应完好无损，如果发现损坏，应及时处理后再继续使用。

（4）不能用额定电流大的熔断丝保护小电流电路，否则不仅起不到保护作用，还会使电路发热，引起火灾。

（5）不要随意拆装电气设备。工作中，如果发现电气设备有故障，应找电工修理。修理时，应先切断电源，再开始工作，如图1-9所示。

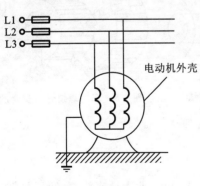

图1-8 单独接地

图1-9 电气设备的修理

（6）如果发现有人触电，应先切断电源，或用绝缘物（如干燥的木棍）将人与电源分开，再抢救触电者。

2. 基本操作训练

1）操作要求与姿势

（1）穿好工作服，袖口应扎紧，可戴平光眼镜，女生应戴工作帽，头发应塞入帽中，操作时不准戴手套。

（2）操作时精力要集中，头向左倾斜，手和身体应远离车床旋转的部位。

2）车床主轴的启动操作

CA6140 型卧式车床主轴的启动操作如表 1-2 所示。

表 1-2　CA6140 型卧式车床主轴的启动操作

操　作	图　示	操作说明
检查	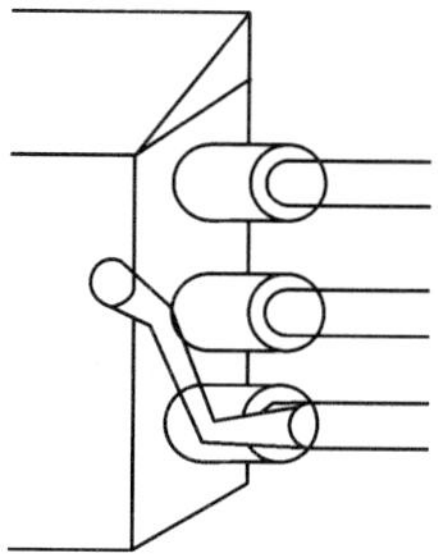	检查车床各变速手柄是否处于空挡位置，离合器是否处于正确位置，操纵杆是否处于停止状态（中间位置）
正转操作	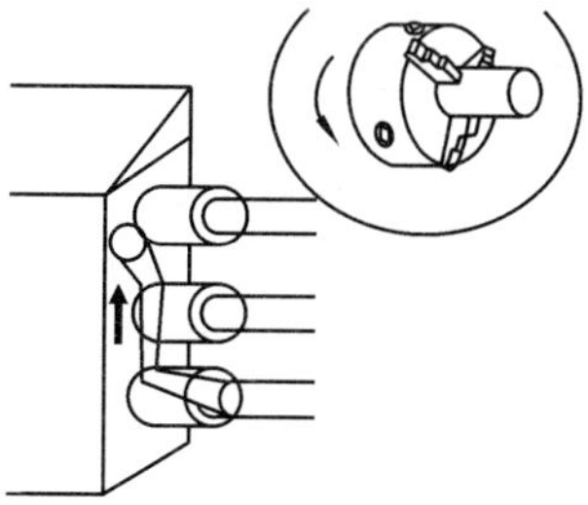	按下车床主轴电动机启动按钮（绿色按钮），再向上提起操纵杆手柄（简称操纵杆），主轴（卡盘）正转
反转操作	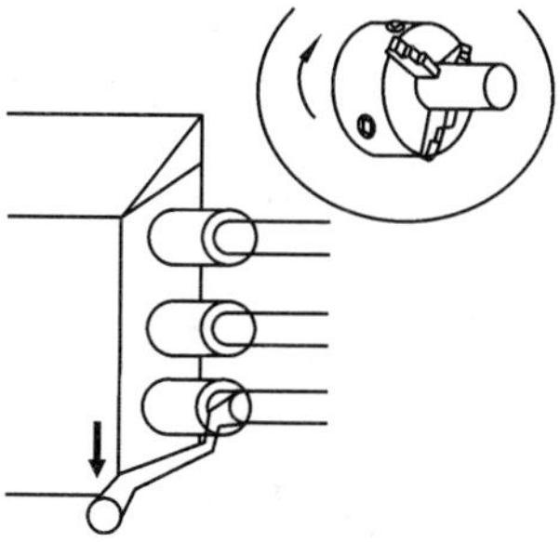	向下按下操纵杆手柄，主轴（卡盘）反转

提示　主轴（卡盘）正、反转的转换要在主轴停止转动后进行，避免因连续转换操作使瞬间电流过大而发生电气故障。

3）主轴箱变速手柄的操作

车床主轴的变速是通过改变主轴箱正面右侧的变速手柄的位置来实现的。将变速手柄拨到不同的位置，即可获得不同的主轴转速。内侧手柄对应色块，色块共有红、黑、黄、蓝四种颜色（另有两个空白圆点，表示空挡位置），外侧手柄对应数字（即主轴转速），如图 1-10 所示。

例如，要将主轴转速调成 400 r/min，应先转动内侧的手柄至黑色色块位置，再转动外侧的手柄至 400 位置，如图 1-11 所示。

提示　当手柄转不动时，可先用手拨动一下卡盘，再转动手柄。

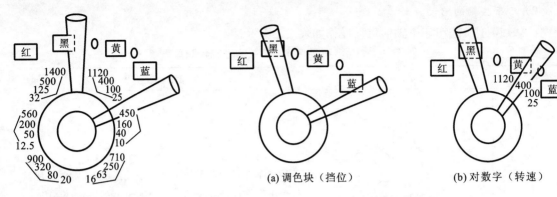

图 1-10　主轴箱变速手柄

图 1-11　将主轴转速调成 400 r/min

（a）调色块（挡位）　　　（b）对数字（转速）

4）进给量的调整

进给箱正面左侧有一个手轮(进给变速手轮)，它有 1、2、3、4、5、6、7、8 挡，右侧有前后叠套的手柄和手轮，内侧的手柄是丝杠、光杠变换手柄，有 A、B、C、D 挡，外侧的手轮有Ⅰ、Ⅱ、Ⅲ、Ⅳ挡，利用手轮与手柄的配合，可以调整进给量。进给箱各手柄和手轮的位置如图 1-12 所示。

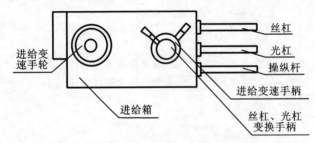

图 1-12　进给箱各手柄和手轮的位置

在实际操作中，选择和调整进给量时，应对照车床进给量调配表并结合进给变速手轮与丝杠、光杠变换手柄进行操作。

5）螺纹旋向的变换

螺纹旋向的变换是通过螺纹旋向变换手柄传递与改变运动的方向来实现的。螺纹旋向变换手柄位于车床主轴箱的左侧，如图 1-13 所示。

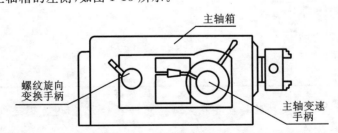

图 1-13　螺纹旋向变换手柄在主轴箱上的位置

螺纹旋向变换手柄用于变换螺纹旋向和加大螺距，如图 1-14 所示。螺纹旋向变换手柄处于左侧位置时，主轴箱将运动以正方向传递给其他构件；处于中间位置时，无运动传出；处于右侧位置时，主轴箱将运动以反方向传递给其他构件。

6）溜板箱部分的操作

溜板箱部分包括床鞍、中滑板、小滑板、刀架及箱外的各种操纵手柄。溜板箱部分如图 1-15 所示。

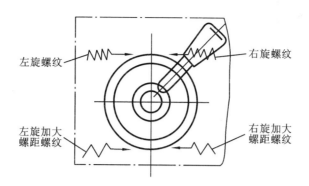

图 1-14 螺纹旋向和螺距的调整

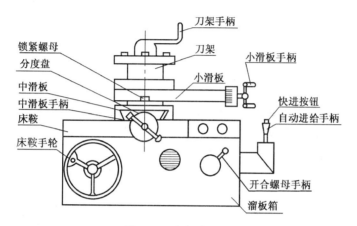

图 1-15 溜板箱部分

（1）床鞍的手动操作。

床鞍手动进给操作姿势如图 1-16 所示，双手握住床鞍手轮，连续、匀速地左右移动床鞍。逆时针转动床鞍手轮，床鞍向左移动；顺时针转动床鞍手轮，床鞍向右移动。

床鞍手轮上的刻度盘共有 300 格，如图 1-17 所示，床鞍手轮每转一格，床鞍纵向移动 1 mm。

图 1-16 床鞍手动进给操作姿势

图 1-17 床鞍手轮上的刻度盘

（2）中滑板的手动操作。

中滑板手动进给操作姿势如图 1-18 所示，双手握住中滑板手柄，使中滑板沿横向连续、匀速地作进刀或退刀运动。顺时针转动中滑板手柄，中滑板作进刀运动；逆时针转动中滑板手柄，中滑板作退刀运动。

中滑板手柄上的刻度盘共有 100 格,如图 1-19 所示,中滑板手柄每转一格,中滑板横向移动 0.05 mm。

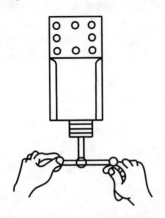

图 1-18 中滑板手动进给操作姿势

图 1-19 中滑板手柄上的刻度盘

(3) 小滑板的手动操作。

小滑板手动进给操作姿势如图 1-20 所示,双手握住小滑板手柄,沿纵向连续、匀速地移动小滑板。顺时针转动小滑板手柄,小滑板向左移动;逆时针转动小滑板手柄,小滑板向右移动。

小滑板手柄上的刻度盘共有 100 格,如图 1-21 所示,小滑板手柄每转一格,小滑板纵向移动 0.05 mm。

图 1-20 小滑板手动进给操作姿势

图 1-21 小滑板手柄上的刻度盘

提示 由于丝杠和螺母之间往往存在间隙,因此会产生空行程(即手柄转动而滑板未移动)。使用时必须慢慢地把刻度线转至所需格数。如果不小心转过所需格数,绝不能直接退回几格,必须向相反方向退回全部空行程,再转至所需格数,如图 1-22 所示。

(a) 转过所需格数

(b) 直接退回

(c) 退回全部空行程再转至所需格数

图 1-22 消除空行程

（4）刀架的操作。

刀架的操作如图 1-23 所示,左手扶住刀架,右手大鱼际部位(大拇指下面的肌肉)用力逆时针推动刀架手柄,刀架松开,可以调换车刀;右手手掌握住刀架手柄,顺时针转动刀架,刀架被锁紧。

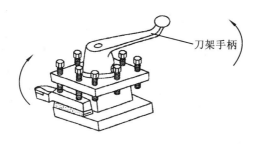

图 1-23 刀架的操作

（5）机动操作。

CA6140 型卧式车床的传动系统如图 1-24 所示。电动机驱动 V 带轮,通过 V 带把运动输入到主轴箱,再通过变速机构变速,使主轴得到各种不同的转速,经卡盘带动工件作旋转运动。同时,主轴箱把旋转运动输入到交换齿轮箱,再通过进给箱变速后由丝杠或光杠驱动溜板箱、床鞍、刀架,通过一系列复杂的传动机构,控制车刀的运动轨迹,从而完成各种表面的车削工作。

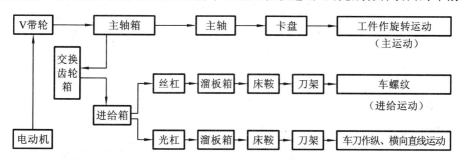

图 1-24 CA6140 型卧式车床的传动系统

车床的纵、横向机动进给和快速移动采用单手操纵。自动进给手柄在溜板箱的右侧,可沿十字槽纵、横向扳动,自动进给手柄处于中间位置时进给停止,如图 1-25 所示。在自动进给手柄的顶部有一个快进按钮,按下此按钮,床鞍或中滑板按手柄扳动方向作纵、横向快速移动,松开此按钮,床鞍或中滑板停止移动。

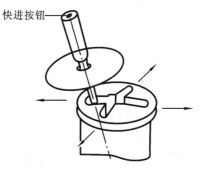

图 1-25 自动进给手柄

（6）开合螺母的操作。

开合螺母位于溜板箱前面右侧,向下扳动开合螺母手柄时,开合螺母与丝杠啮合,由丝杠带动溜板箱作纵向进给运动,以车削螺纹;向上提起开合螺母手柄时,由光杠带动溜板箱作纵向进给运动,以实现车削加工。开合螺母的操作如图 1-26 所示。

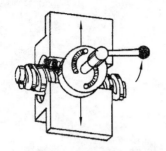 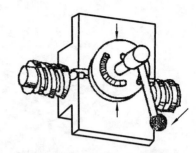

(a) 开合螺母开（向上提起开合螺母手柄）　　(b) 开合螺母合（向下扳动开合螺母手柄）

图 1-26　开合螺母的操作

7）尾座的操作

尾座如图 1-27 所示。它可以沿着床身导轨移动。根据需要,尾座上可安装麻花钻等,对零件进行加工;也可安装顶尖,用来装夹零件。

逆时针扳动尾座固定手柄,使之处于位置 1 时,尾座可固定在床身上的任何位置;顺时针扳动尾座固定手柄,使之处于位置 2 时,尾座可沿床身导轨纵向移动,如图 1-28 所示。顺时针转动尾座手轮,尾座套筒向前伸出;逆时针转动尾座手轮,尾座套筒退回。顺时针转动尾座套筒固定手柄,尾座套筒锁紧,尾座手轮不能转动;逆时针转动尾座套筒固定手柄,尾座手轮可以转动。

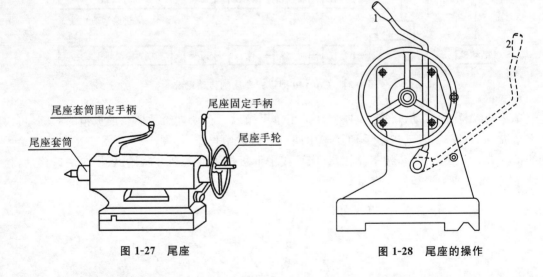

图 1-27　尾座　　　　　　　　　　图 1-28　尾座的操作

三、车床的润滑和保养

1. 车床的润滑方式

为了保证车床的正常运转,延长其使用寿命,应注意车床的日常维护和保养,车床摩擦部分必须进行润滑。车床的润滑方式如表 1-3 所示。

表 1-3　车床的润滑方式

润滑方式	说　　明	图　　示
浇油润滑	常用于外露的表面,如床身导轨和滑板导轨	
	由于丝杠和光杠的转速较高,润滑条件较差,必须注意每班都要加油,润滑油可以从轴承座上面的方腔中加入	
溅油润滑	常用于密封的箱体中。例如,车床主轴箱中的传动齿轮将箱底的润滑油溅射到箱体上部的油槽中,然后润滑油经槽内油孔流到各润滑点进行润滑	
油绳导油润滑	常用于进给箱的油池中。这种润滑方式利用油绳既易吸油又易渗油的特性,通过油绳把油引入润滑点,间断地滴油润滑	
弹子油杯润滑	常用于中滑板手柄,以及光杠、丝杠、操纵杆支架的轴承处。定期用油枪端头油嘴压下油杯中的弹子,将油注入。油嘴撤去后,弹子复位,封住注油口	

续表

润滑方式	说　　　明	图　　　示
黄油杯润滑	常用于交换齿轮箱挂轮架的中间轴或不便经常润滑之处。事先在黄油杯中装满钙基润滑脂,需要润滑时,拧紧黄油杯盖,杯中的钙基润清脂就被挤压到润滑点中去	
油泵输油润滑	常用于转速高、需要大量润滑油连续强制润滑的机构。例如,主轴箱内的许多润滑点就采用这种润滑方式润滑	

2. 车床的润滑要求

图 1-29 所示为 CA6140 型卧式车床润滑部位位置示意图。润滑部位用数字标出,除标注②的润滑部位是用 2 号钙基润滑脂进行润滑外,其余各润滑部位都用 30 号机油进行润滑。换油时,应先将废油放尽,然后用煤油把箱体内冲洗干净,再注入新油,注油时应用滤网过滤,且油面不得低于油标中心线。

车床的润滑要求及具体说明如下。

(1) ㉚ 表示 30 号机油,⊖的分子表示润滑油的类别,分母表示两班制换油间隔的天数。例如,㉚／₇表示润滑油为 30 号机油,两班制换油间隔天数为 7 天。

(2) 主轴箱的零件采用油泵输油润滑、溅油润滑两种方式进行润滑。箱内润滑油一般三个月更换一次。主轴箱箱体上有一个油标,若发现油标内无油输出,说明油泵输油系统出现故障,应立即停车查明原因,待修复后再使用车床。

(3) 进给箱内的齿轮和轴承,除了采用溅油润滑方式进行润滑外,在进给箱的上部还有用于油绳导油润滑的储油槽,每班应向储油槽加油一次。

(4) 交换齿轮箱挂轮架的中间轴利用黄油杯润滑,每班润滑一次,7 天加一次钙基润滑脂。

(5) 中滑板手柄,以及光杠、丝杠、操纵杆支架的轴承处利用弹子油杯润滑,每班润滑一次。

(6) 床身导轨、滑板导轨在工作前后都应擦净,并用油枪加油。

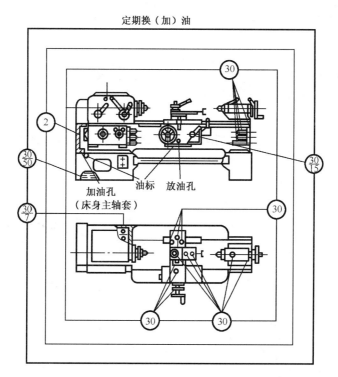

图 1-29　CA6140 型卧式车床润滑部位位置示意图

3．车床的一级保养

通常，当车床运行 500 h 后，需要进行一级保养。一级保养工作以操作工人为主，在维修工人的配合下进行。

1）准备

（1）常用工具。

车床一级保养常用工具包括 150～300 mm 标准旋具、200～250 mm 活扳手（或开口扳手）、六角扳手等，如图 1-30 所示，用来旋紧或松开各类螺钉、螺母。

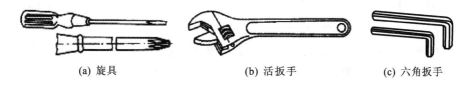

(a) 旋具　　　　　　　　　　(b) 活扳手　　　　　　　　(c) 六角扳手

图 1-30　车床一级保养常用工具

（2）清洗工具。

车床一级保养清洗工具包括长柄刷子、漆刷、盛放零部件及清洗液的盘子等。

（3）清洗液。

清洗车床零部件一般使用柴油，清洗车床外表面的油污除用柴油外，还会用到金属清洁精等。

2）一级保养的要求

（1）为了确保安全，保养前必须先切断电源。

（2）清理车床各部位的切屑、杂物等。

（3）拆卸、清洗车床各罩盖，使车床内外清洁、无锈蚀、无油污。

3）一级保养的内容

（1）主轴箱的保养。

①拆下滤油器并进行清洗，使其无杂物，然后复装。

②检查主轴，其锁紧螺母应无松动现象，紧固螺钉应拧紧。

③调整制动器及离合器摩擦片的间隙。

（2）交换齿轮箱的保养。

①拆下齿轮、轴套等进行清洗，然后复装，在黄油杯中注入新钙基润滑脂。

②调整齿轮啮合间隙。

③检查轴套，轴套应无晃动现象。

（3）刀架和滑板的保养。

①拆下方刀架并进行清洗。拆卸时，逆时针转动手柄，使手柄和内花键齿轮套从中心轴的螺纹上松开并拆卸。取下方刀架、弹簧、外花键齿轮套等零件，其他零件不必拆卸即可进行清洗。清洗完成后，用砂条对方刀架底面及圆锥定位销的毛边进行修光。

②拆下中、小滑板的丝杠、螺母、镶条进行清洗。丝杠与螺母的清洗方法如图 1-31 所示。

③拆下床鞍防尘油毡，进行清洗、加油和复装，如图 1-32 所示。

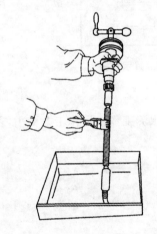

图 1-31　丝杠与螺母的清洗方法

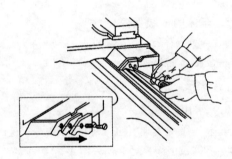

图 1-32　拆下床鞍防尘油毡

④中滑板的丝杠、螺母、镶条加油后复装，调整镶条间隙。

⑤小滑板的丝杠、螺母、镶条加油后复装，调整镶条间隙。

⑥擦净方刀架底面，涂油、复装、压紧。

（4）尾座的保养。

①拆下尾座套筒和压紧块进行清洗、涂油。尾座套筒的拆卸如图 1-33 所示。

②拆下尾座丝杠、螺母进行清洗、加油。尾座丝杠、螺母的清洗方法如图 1-34 所示。

③清洗尾座并加油。

④复装尾座部分并调整。

（5）润滑系统的保养。

①清洗冷却泵、滤油器和盛液盘。

②检查并保证油路畅通，油孔、油绳、油毡应清洁无铁屑。

③检查润滑油，油质应良好，油杯应齐全，油标应清晰。

（6）电器的保养。

①清扫电动机、电气箱上的尘屑。

②电气装置应固定、齐全。

（7）外表的保养。

①清洗车床外表面及各罩盖，使其清洁、无锈蚀、无油污。

②清洗丝杠、光杠和操纵杆。在清洗丝杠时，先将进给箱上的操纵手柄放到光杠位置，然后用手一面转动丝杠，一面用棉纱擦洗螺纹齿面，如图1-35所示。

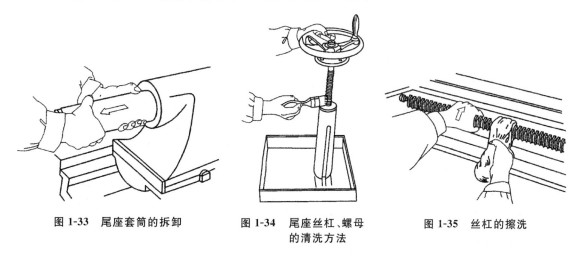

| 图1-33 尾座套筒的拆卸 | 图1-34 尾座丝杠、螺母的清洗方法 | 图1-35 丝杠的擦洗 |

③检查并补齐各螺钉、手柄、手柄球。

（8）清理车床附件。

中心架、跟刀架、配换齿轮、卡盘等应齐全、洁净，并摆放整齐。保养工作完成后，应对各部件进行必要的润滑。

◀ 任务二　常用量具的认读与使用 ▶

【任务目标】

掌握图1-36所示的游标卡尺、千分尺、百分表和万能角度尺四种车削常用量具的结构与使用方法。

【任务相关内容】

一、游标卡尺的认读与使用

游标卡尺是车削最常用的中等精度的通用量具，其结构简单，使用方便。按式样不同，游标卡尺可分为三用游标卡尺和双面游标卡尺。

1. 游标卡尺的结构

1）三用游标卡尺的结构

三用游标卡尺主要由尺身和游标等组成，如图1-37所示。使用时，旋松固定游标用的紧固螺钉即可测量。下量爪用来测量工件的外径和长度，上量爪用来测量孔径和槽宽，深度尺用来测量工件的深度和台阶的长度。测量时，移动游标使量爪与工件接触，取得尺寸后，最好把紧固螺钉旋紧后再读数,以防尺寸变动。

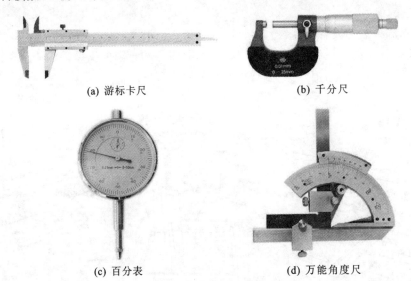

(a) 游标卡尺　　　　　　　　　　　　　(b) 千分尺

(c) 百分表　　　　　　　　　　　　　(d) 万能角度尺

图 1-36　车削常用量具

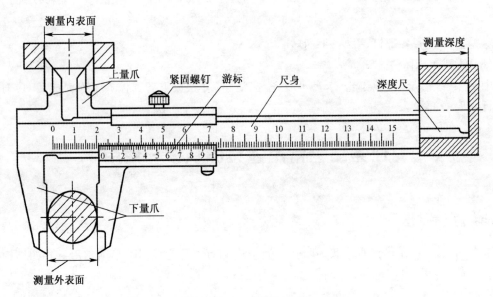

图 1-37　三用游标卡尺

2)双面游标卡尺的结构

双面游标卡尺如图 1-38 所示。为了调整尺寸方便和测量准确,双面游标卡尺在其游标上增加了微调装置。先旋紧微调装置紧固螺钉,再松开紧固螺钉,用手指转动滚花螺母,通过小螺杆即可微调游标。

使用时,上量爪用来测量孔距,下量爪用来测量工件的外径和孔径,测量孔径时,游标卡尺的读数必须加上下量爪的厚度 b(b 一般为 10 mm)才是孔径。

2. 游标卡尺的读数

1)游标卡尺的读数原理

常用游标卡尺的读数精度有 0.1 mm、0.05 mm、0.02 mm 三种。其读数精度是利用尺身和游标刻线间的距离之差来确定的。游标卡尺的读数原理如表 1-4 所示。

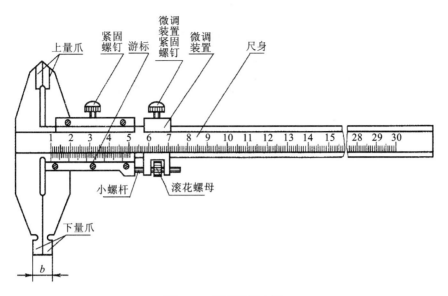

图 1-38 双面游标卡尺

表 1-4 游标卡尺的读数原理

读数精度	图 示	说 明
0.1 mm		这种游标卡尺尺身上每小格为 1 mm,游标刻线总长为 9 mm,并分为 10 格,因此每格为 0.9 mm。这样,尺身和游标相对一格之差就为 1 mm—0.9 mm＝0.1 mm
0.05 mm		这种游标卡尺尺身上每小格为 1 mm,游标刻线总长为 39 mm,并分为 20 格,因此每格为 1.95 mm。这样,尺身两格和游标一格之差就为 2 mm—1.95 mm＝0.05 mm
0.02 mm		这种游标卡尺尺身上每小格为 1 mm,游标刻线总长为 49 mm,并分为 50 格,因此每格为 0.98 mm。这样,尺身和游标相对一格之差就为 1 mm—0.98 mm＝0.02 mm

2) 游标卡尺的读数方法

游标卡尺是以游标的零线为基准进行读数的,读数按照以下三个步骤进行(以图 1-39 所示的精度为 0.02 mm 的游标卡尺为例进行说明)。

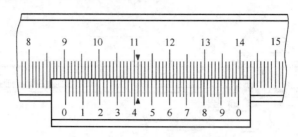

图 1-39　游标卡尺读数示例

第一步:读整数。夹住被测工件后,从游标卡尺正面正视刻度,读出游标零线左边的尺身上的整毫米数。从图 1-39 中可看出,游标零线左边尺身上的整毫米数为 90。

第二步:读小数。用与尺身上某刻线对齐的游标上的刻线格数,乘以游标卡尺的测量精度,得到小数。从图 1-39 中可以看出,游标上的第 21 根刻线与尺身上的刻线对齐,因此,小数部分为 21×0.02＝0.42。

第三步:整数加小数。将两项读数相加,即可得到被测工件的尺寸。该例中,被测工件的尺寸为:90 mm＋0.42 mm＝90.42 mm。

3. 游标卡尺的使用

1) 游标卡尺的使用方法

对于大型工件,将其放置平稳,用左手拿主尺,右手移动副尺,使量爪测量面与工件的被测量面贴合;对于小型工件,可以左手拿工件,右手拿游标卡尺测量工件,如图 1-40 所示。测量时,量爪测量面必须与工件的表面平行或垂直,不得歪斜,且用力不能过大,以免量爪变形或磨损,影响测量精度。图 1-41 所示为游标卡尺错误的使用方法。

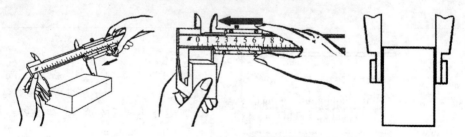

图 1-40　游标卡尺正确的使用方法

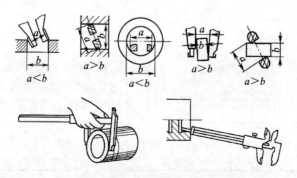

图 1-41　游标卡尺错误的使用方法

2）使用游标卡尺的注意事项

使用游标卡尺时要注意以下几点。

（1）测量前，先用棉纱把游标卡尺和工件上的被测量部位都擦干净，并进行零位检测（当两个量爪合拢在一起时，主尺和副尺的零线应对齐，两个量爪之间应没有缝隙），如图 1-42 所示。

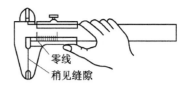

图 1-42　游标卡尺零位检测

（2）测量时，用力不要过大，应使量爪与工件表面轻微接触，不能过松或过紧，并注意适当摆动游标卡尺，使游标卡尺和工件接触完好。

（3）测量时，要注意游标卡尺与工件被测表面的相对位置，要把游标卡尺的位置放正确后再读数。

（4）为了使测量结果准确，在同一个工件上，应进行多次测量。

（5）读数时，眼睛要正视游标卡尺，否则会引起误差。

二、千分尺的认读与使用

千分尺是生产中最常用的一种精密量具。它的测量精度为 0.01 mm。千分尺的种类很多，按用途分可为外径千分尺、内径千分尺、深度千分尺、螺纹千分尺、壁厚千分尺等。

1. 千分尺的结构

千分尺由固定螺杆、测微螺杆、测力装置和锁紧手柄等组成，如图 1-43 所示。

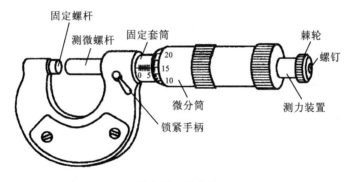

图 1-43　千分尺

2. 千分尺的读数

1）千分尺的读数原理

千分尺的规格按测量范围分为 0～25 mm、25～50 mm、50～75 mm、75～100 mm、100～125 mm 等，使用时根据被测量工件的尺寸选用。

千分尺测微螺杆的螺距为 0.5 mm，当微分筒转过一圈时，测微螺杆就沿轴向移动 0.5 mm。固定套筒上刻有间隔为 0.5 mm 的刻线，微分筒圆锥面的圆周上共刻有 50 格，因此微分筒每转一格，测微螺杆就移动 0.01 mm，因此千分尺的测量精度为 0.01 mm。

2）千分尺的读数方法

现以图 1-44 所示的测量范围为 25～50 mm 的千分尺为例，介绍其读数方法。

第一步：读最大刻线值。读出固定套筒上露出刻线的整毫米数和半毫米数。注意，固定套筒上下两排刻线的间距为每格 0.5 mm，从图 1-44 中可读出 32 mm。

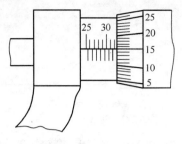

图 1-44 千分尺读数示例

第二步:读小数。读出与固定套筒基准线对准的微分筒上的格数,乘以千分尺的分度值 0.01 mm,图 1-44 中为 15×0.01 mm＝0.15 mm。

第三步:最大刻线值加小数。将两项读数相加,即可得到被测工件的尺寸。该例中,被测工件的尺寸为 32 mm＋0.15 mm＝32.15 mm。

3. 千分尺的使用

1) 千分尺的使用方法

使用千分尺测量工件时,千分尺可单手握、双手握,也可将千分尺固定在尺架上,如图 1-45 所示。

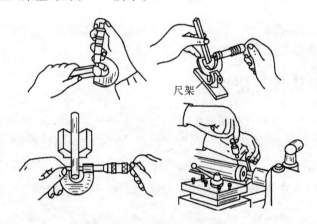

尺架

图 1-45 千分尺的使用方法

2) 使用千分尺的注意事项

使用千分尺时应注意以下几点。

(1) 千分尺是一种精密量具,不宜测量粗糙的毛坯表面。

(2) 在使用千分尺测量工件之前,应检查千分尺的零位,即检查千分尺微分筒上的零线和固定套筒上的零线基准是否对齐(见图 1-46),如果没有对齐,应进行校正。

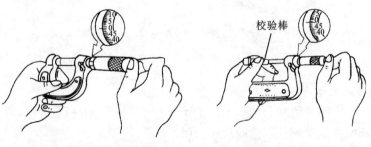

校验棒

(a) 0~25 mm千分尺零位的检查   (b) 大尺寸千分尺零位的检查

图 1-46 千分尺零位的检查

(3) 测量时,转动测力装置和微分筒,当测微螺杆和被测量面轻轻接触并发出"吱吱"声时,就可以开始读数。

(4) 测量时要把千分尺放正。

(5) 加工铜件和铝件时,由于它们的线膨胀系数较大,切削时工件遇热膨胀会使尺寸增加,所以要用切削液冷却后再用千分尺测量,否则,测出的尺寸容易出现误差。

（6）不能用手旋转千分尺,如图 1-47 所示,以防损坏千分尺。

三、百分表的认读与使用

百分表是一种指示式量具,其指示精度为 0.01 mm。指示精度为 0.001 mm 或 0.002 mm 的称为千分表。常用的百分表有钟表式百分表和杠杆式百分表两种,如图 1-48 所示。

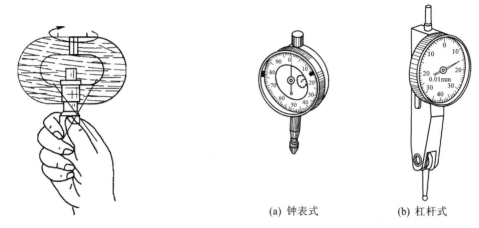

图 1-47　不能用手旋转千分尺

(a) 钟表式　　　　(b) 杠杆式

图 1-48　百分表

1. 百分表的工作原理

1）钟表式百分表的工作原理

钟表式百分表的工作传动原理如图 1-49 所示,测量杆上铣有齿条,齿条与小齿轮啮合,小齿轮与大齿轮 1 同轴,大齿轮 1 与中心齿轮啮合,中心齿轮上装有大指针。因此,当测量杆移动时,小齿轮与大齿轮 1 转动,这时中心齿轮与其轴上的大指针也随之转动。

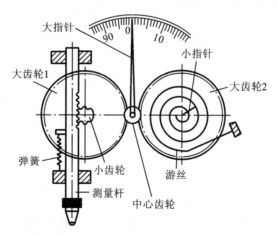

图 1-49　钟表式百分表的工作传动原理

测量杆上齿条的齿距为 0.625 mm,小齿轮的齿数为 16 齿,大齿轮 1 的齿数为 100 齿,中心齿轮的齿数为 10 齿。当测量杆移动 1 mm 时,小齿轮转动 1÷0.625 齿＝1.6 齿,即 1.6÷16 转＝1/10 转,同轴的大齿轮 1 也转过 1/10 转,即转过 10 齿。这时,中心齿轮连同大指针正好转过 1 转。由于表盘上的刻度等分为 100 格,所以,当测量杆移动 0.01 mm 时,大指针转过 1 格。

钟表式百分表的工作原理用数学公式表达如下。

当测量杆移动 1 mm 时,大指针转过的转数 n 为:

$$n = \frac{\dfrac{1}{0.625}}{16} \times \frac{100}{10} 转 = 1 转$$

由于表盘上的刻度等分为 100 格,所以大指针每转一格表示的读数 a 为:

$$a = \frac{1}{100} mm = 0.01 mm$$

由此可知,钟表式百分表的工作传动原理是将测量杆的直线移动,经过齿条、齿轮的传动放大,转变为大指针的转动。大齿轮 2 在游丝扭力的作用下与中心齿轮啮合靠向单面,以消除齿轮啮合间隙所引起的误差。在大齿轮 2 的轴上装有小指针,用以记录大指针的回转圈数。

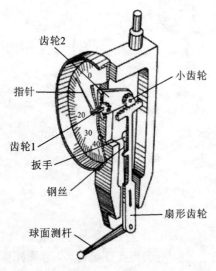

图 1-50　杠杆式百分表的工作传动原理

2) 杠杆式百分表的工作原理

杠杆式百分表的工作传动原理如图 1-50 所示,球面测杆与扇形齿轮靠摩擦连接,当球面测杆向上(或向下)摆动时,扇形齿轮带动小齿轮转动,再经齿轮 2 和齿轮 1 带动指针转动,这样就可在表盘上读出测量值。

杠杆式百分表的球面测杆的臂长 $l = 14.85$ mm,扇形齿轮的圆周展开齿数为 408 齿,小齿轮的齿数为 21 齿,齿轮 2 的圆周展开齿数为 72 齿,齿轮 1 的齿数为 12 齿,表盘上的刻度等分为 80 格。当球面测杆转动 0.8 mm(弧长)时,指针转过的转数 n 为:

$$n = \frac{0.8}{2\pi \times 14.85} \times \frac{408}{21} \times \frac{72}{12} 转 = 1 转$$

由于表盘上的刻度等分为 80 格,所以指针每转一格表示的读数 a 为:

$$a = \frac{0.8}{80} mm = 0.01 mm$$

由此可知,杠杆式百分表是利用杠杆和齿轮放大原理制成的。杠杆式百分表的球面测杆可以自下向上摆动,也可自上向下摆动。当需要改变方向时,只需要扳动扳手,通过钢丝使扇形齿轮靠向左面或右面。测量力由钢丝产生,钢丝还可以消除齿轮啮合间隙。

2. 百分表的使用

1) 百分表的使用方法

百分表一般用磁性表座固定,用来测量工件的尺寸、形位公差等。使用钟表式百分表进行测量时,测量杆应垂直于被测量表面,使大指针转动 1/4 周,然后调整钟表式百分表的零位,如图 1-51 所示。杠杆式百分表的使用较为方便,当需要改变方向进行测量时,只需要扳动扳手,如图 1-52 所示。

2) 使用百分表的注意事项

使用百分表时应注意以下几点。

(1) 百分表是精密量具,严禁在粗糙表面上进行测量。

(2) 测量时,测量杆和被测量表面应尽量垂直接触,以便减少误差,保证测量结果准确。

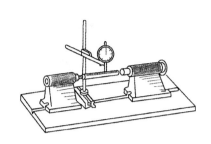

图 1-51 钟表式百分表的使用方法

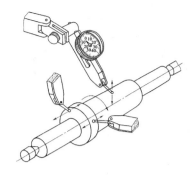

图 1-52 杠杆式百分表的使用方法

（3）不能随意拆卸百分表的零部件。

（4）测量杆上不要加油，油进入表内会形成污垢，从而降低百分表的灵敏度。

（5）百分表要轻拿稳放。

（6）使用完毕后，要将百分表擦净放入盒内。

四、万能角度尺的认读与使用

万能角度尺也称为万能量角器，其结构如图 1-53 所示。

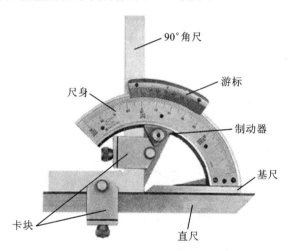

图 1-53 万能角度尺的结构

1. 万能角度尺的读数原理

如图 1-54 所示，万能角度尺尺身刻度每格为 $1°$，游标上的总角度为 $29°$，并且等分为 30 格，每格所对应的角度为 $58'$。因此，尺身一格与游标一格相差 $2'$。

2. 万能角度尺的读数方法

万能角度尺的读数方法与游标卡尺的读数方法相似，即先从尺身上读出游标零线前面的整数，然后读出游标上的数值，两者相加就是被测工件的角度数值。如图 1-55 所示，尺身上游标零线前面的整数为 $10°$，游标上的数值为 $50'$，两者相加为 $10°50'$。

3. 万能角度尺的使用

用万能角度尺测量工件角度时，应根据工件角度的大小，选择不同的测量方法，如表 1-5 所示。

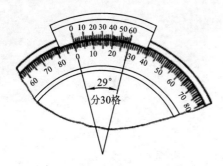

29°

分30格

图1-54 万能角度尺的读数原理

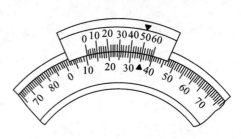

图1-55 万能角度尺读数示例

表1-5 用万能角度尺测量工件角度的方法

角度范围	图 示	测量方法
0°~50°		被测工件放在基尺和直尺的测量面之间
50°~140°		卸下90°角尺,用直尺代替
140°~230°		卸下直尺,装上90°角尺

续表

角 度 范 围	图　　示	测 量 方 法
230°～320°	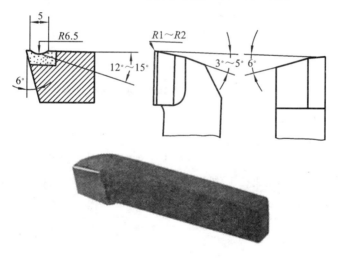	卸下直尺、90°角尺,被测工件放在基尺和尺身的测量面之间

◆ 任务三　车刀的刃磨 ▶

【任务目标】

掌握并完成以 90°外圆车刀(见图 1-56)为例的相关车刀的刃磨。

图 1-56　90°外圆车刀

【任务相关内容】

一、车刀的组成与几何角度

1. 车刀的种类和用途

车刀的种类很多,按用途的不同,车刀可以分为外圆车刀(90°外圆车刀和 45°外圆车刀)、切断刀、内孔车刀、圆头车刀和螺纹车刀等,如图 1-57 所示。

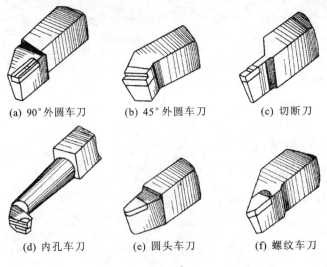

(a) 90°外圆车刀　　(b) 45°外圆车刀　　(c) 切断刀

(d) 内孔车刀　　(e) 圆头车刀　　(f) 螺纹车刀

图 1-57　车刀

根据不同的车削要求,需要选用不同种类的车刀。车刀的基本用途如图 1-58 所示。

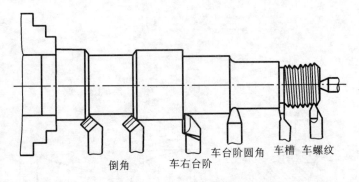

倒角　　车右台阶　　车台阶圆角　　车槽　车螺纹

图 1-58　车刀的基本用途

不同车刀的用途详述如下。

(1) 90°外圆车刀又称为偏刀,用来车削工件外圆、台阶或端面。

(2) 45°外圆车刀又称为弯头车刀,用来车削工件外圆、端面或倒角。

(3) 切断刀用来切断工件或在工件上车槽。

(4) 内孔车刀用来车削工件内孔。

(5) 圆头车刀用来车削工件的圆角、圆槽或成形面。

(6) 螺纹车刀用来车削螺纹。

2. 车刀的组成

车刀的组成如图 1-59 所示。它由刀头和刀杆两部分组成。刀头用于切削,又称为切削部分;刀杆用于将车刀装夹在刀架上,又称为夹持部分。

具体来说,车刀的切削部分主要由以下几个部分组成。

(1) 前面,也称为前刀面,是切屑排出经过的表面,用符号 A_γ 表示。

(2) 主后面,也称为主后刀面,是与工件上的过渡表面相对应的刀面,用符号 A_α 表示。

(3) 副后面,也称为副后刀面,是与工件上的已加工表面相对应的刀面,用符号 A_α' 表示。

(4) 主切削刃,是前面与主后面的交线,它担负着主要的切削工作,与工件上的过渡表面相切,用符号 S 表示。

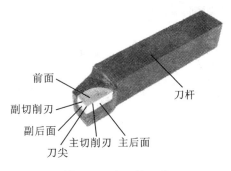

图 1-59　车刀的组成

（5）副切削刃，是前面与副后面的交线，它配合主切削刃完成少量的切削工作，用符号 S' 表示。

（6）刀尖，是主切削刃与副切削刃的交点。为了提高刀尖的强度和延长车刀的使用寿命，大多数刀头都将刀尖磨成直线形过渡刃或圆弧形过渡刃，如图 1-60 所示。

（7）修光刃，是副切削刃上近刀尖处一小段平直的切削刃。车刀的修光刃如图 1-61 所示。它在切削时起修光已加工表面的作用。装刀时必须使修光刃与进给方向平行，且修光刃的长度必须大于进给量，只有这样，修光刃才能起到修光作用。

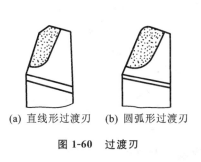

(a) 直线形过渡刃　(b) 圆弧形过渡刃

图 1-60　过渡刃

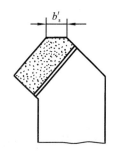

图 1-61　车刀的修光刃

3. 车刀的辅助平面与几何角度

1）车刀的辅助平面

为了确定车刀的几何角度，通常以图 1-62 所示的三个辅助平面作为基准，详述如下。

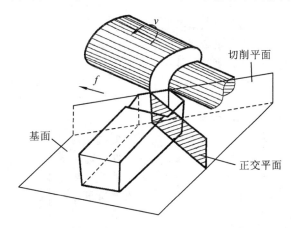

图 1-62　确定车刀几何角度的三个辅助平面

（1）切削平面，是通过主切削刃上的任意一点，与工件加工表面相切的平面，用符号 P_s 表示。

（2）基面，是通过主切削刃上的任意一点，并垂直于该点的切削速度方向的平面，用符号 P_r 表示。

（3）正交平面，是通过主切削刃上的任意一点，并与主切削刃在基面上的投影垂直的平面，用符号 P_o 表示。

2）车刀的几何角度

车刀的切削部分有六个独立的基本角度——主偏角、副偏角、前角、主后角、副后角和刃倾角，以及两个派生角度——刀尖角和楔角，如图 1-63 所示。

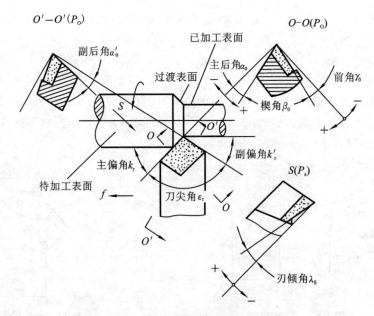

图 1-63 车刀切削部分的几何角度

车刀切削部分的几何角度的符号、定义、作用与初步选择如表 1-6 所示。

表 1-6 车刀切削部分的几何角度的符号、定义、作用与初步选择

名　称		符　号	定　义	作　用	初步选择
基本角度	主偏角	κ_r	主切削刃在基面上的投影与进给运动方向之间的夹角。常用车刀的主偏角有 45°、75°、90°等	改变主切削刃的受力、导热能力，影响切屑的厚度	车刀材料的刚性较差时，应选用较大的主偏角，反之，则选用较小的主偏角
	副偏角	κ_r'	副切削刃在基面上的投影与背离进给运动方向之间的夹角	减少副切削刃与工件已加工表面的摩擦，影响工件表面质量及车刀强度	粗车时，选用的副偏角应稍大一些；精车时，选用的副偏角应稍小一些。一般情况下，副偏角取 6°～8°

名　称		符　号	定　义	作　用	初 步 选 择
基本角度	前角	γ_0	前面与基面之间的夹角	影响刃口的锋利程度和强度,影响切削变形和切削力	(1) 车塑性材料或硬度较低的材料时,应选用较大的前角;车脆性材料或硬度较高的材料时,应选用较小的前角; (2) 粗车时,选用较小的前角;精车时,选用较大的前角; (3) 车刀材料的强度、韧性较差时,前角应取较小值,反之,则取较大值
	主后角	α_0	主后面与切削平面之间的夹角	减少车刀主后面与工件过渡表面之间的摩擦	主后角一般取 $4^\circ \sim 12^\circ$
	副后角	α_0'	副后面与切削平面之间的夹角	减少车刀副后面与工件已加工表面之间的摩擦	副后角一般磨成与主后角的大小相等
	刃倾角	λ_s	主切削刃与基面之间的夹角	控制排屑方向	见表 1-7
派生角度	刀尖角	ε_r	主、副切削刃在基面上的投影之间的夹角	影响刀尖的强度和散热性能	用下式计算: $\varepsilon_r = 180^\circ - (\kappa_r + \kappa_r')$
	楔角	β_0	前面与主后面之间的夹角	影响刀头截面的大小,从而影响刀头的强度	用下式计算: $\beta_0 = 90^\circ - (\gamma_0 + \alpha_0)$

车刀刃倾角的正负值规定、排屑情况、刀头受力点的位置和适用场合如表 1-7 所示。

表 1-7　车刀刃倾角的正负值规定、排屑情况、刀头受力点的位置和适用场合

内　容	说明与图示		
	正　值	0°	负　值
正负值规定	$\lambda_s > 0^\circ$	$\lambda_s = 0^\circ$	$\lambda_s < 0^\circ$
	刀尖位于主切削刃的最高点	刀尖和主切削刃等高(在同一平面)	刀尖位于主切削刃的最低点

续表

内　容	说明与图示		
	正　值	0°	负　值
排屑情况	 切屑流向 f	 切屑流向 f	 切屑流向 f
	切屑向待加工表面方向排出	切屑向垂直于主切削刃的方向排出	切屑向已加工表面方向排出
刀头受力点的位置	$\lambda_s>0°$ 刀尖　S	$\lambda_s=0°$ 刀尖　S	$\lambda_s<0°$ 刀尖　S
	刀尖强度较差,车削时冲击点先接触刀尖,刀尖易损坏	刀尖强度一般,车削时冲击点同时接触刀尖和切削刃	刀尖强度较高,车削时冲击点先接触远离刀尖的切削刃处,从而可以保护刀尖
适用场合	精车时,应取正值,一般为 $0°\sim8°$	工件圆整,加工余量均匀时,一般取 $0°$	断续切削时,为了增加刀尖强度,应取负值,一般为 $-15°\sim-5°$

二、车刀的刃磨方法

车刀在使用过程中,切削刃会变钝而失去切削能力,因此需要通过刃磨来恢复切削刃正确的几何角度,从而使其变得锋利。

1. 砂轮的选用

手工刃磨车刀的设备是砂轮机,砂轮机分为台式砂轮机和立式砂轮机两种,由电动机、砂轮机座、托架和防护罩等部分组成,如图 1-64 所示。

1）砂轮的种类

刃磨车刀的砂轮大多采用平行砂轮。砂轮按其磨料的不同分为氧化铝砂轮和碳化硅砂轮两类,其表面特征与特性如表 1-8 所示。

(a) 台式砂轮机　(b) 立式砂轮机

图 1-64　砂轮机

表 1-8　砂轮的表面特征与特性

砂轮类型	表面特征	特　性
氧化铝砂轮	多呈白色	其磨粒韧性好,刃口比较锋利,硬度较低,自锐性好
碳化硅砂轮	多呈绿色	其磨粒的硬度较高,刃口锋利,但脆性大

砂轮的粗细以粒度号表示,一般可分为 36 号、60 号、80 号和 120 号等级别。粒度号愈大,表示组成砂轮的磨料愈细,反之愈粗。

2)选择砂轮的原则

刃磨车刀时砂轮的选择原则如下。

(1)高速钢车刀的刃磨,采用白色氧化铝砂轮。

(2)硬质合金车刀的刃磨,采用绿色碳化硅砂轮。

(3)粗磨车刀时,采用磨料颗粒尺寸大的粗粒度砂轮。

(4)精磨车刀时,采用磨料颗粒尺寸小的细粒度砂轮。

提示 砂轮机启动后,应在砂轮旋转平稳后再进行磨削。若砂轮跳动明显,应及时停机修整。平行砂轮一般用砂轮刀在砂轮上来回修整,如图 1-65 所示。

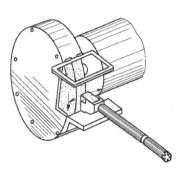

图 1-65 用砂轮刀修整平行砂轮

2. 车刀具体的刃磨方法

90°硬质合金外圆车刀的刃磨操作如表 1-9 所示。

表 1-9 90°硬质合金外圆车刀的刃磨操作

操 作	图 示	具 体 方 法
磨焊渣		选用 24 号或 36 号氧化铝砂轮,先磨去车刀前面、后面上的焊渣,并将车刀底面磨平
粗磨主后面		选用 36 号或 60 号碳化硅砂轮,前面向上,车刀由下至上接触砂轮,在略高于砂轮中心水平位置处,将车刀刀头向上翘 6°～8°(形成主后角),使主切削刃与砂轮外圆平行(90°主偏角),左右水平移动粗磨主后面

操 作	图 示	具 体 方 法
粗磨副后面		前面向上,在略高于砂轮中心水平位置处,将车刀刀头向上翘8°左右(形成副后角),刀杆向右摆6°左右(形成副偏角),左右水平移动粗磨副后面
粗、精磨前面		主后面向上,刀头略向上翘3°左右或不翘,主切削刃与砂轮外圆平行(0°刃倾角),左右水平移动刃磨
精磨主、副后面		按前述的方法,精磨主、副后面
粗、精磨前面		主后面向上,刀头略向上翘3°左右或不翘,主切削刃与砂轮外圆平行(0°刃倾角),左右水平移动刃磨

操　作	图　示	具体方法
修磨刀尖圆弧		前面向上,刀头与砂轮形成 45°角度,以右手握车刀前端为支点,用左手转动车刀尾部刃磨出圆弧形过渡刃
研磨		手持油石,紧贴车刀各刀面平行移动研磨各刀面

车削时,若切屑不断且呈带状缠绕在工件和车刀上,不仅会影响正常的车削,还会降低工件表面的质量,甚至会引发事故。因此,常在刀头上磨出断屑槽。断屑槽有直线形和圆弧形两种。硬质合金车刀断屑槽的类型与适用场合如表 1-10 所示。

表 1-10　硬质合金车刀断屑槽的类型与适用场合

类　型	图　示	说　明	适用场合
直线形断屑槽		$\gamma_{01} = -10° \sim -5°$	适合于切削较硬的材料
圆弧形断屑槽		C_{Bn} 为 $5 \sim 1.3$ mm(由所取的前角值决定)	适合于切削较软的材料

刈磨断屑槽时,可以向下刈磨,也可以向上刈磨,如图 1-66 所示。选择刈磨断屑槽的部位时,应考虑留出倒棱的宽度,即留出相当于进给量大小的距离。

 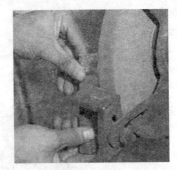

(a) 向下刈磨　　　　　　　　　　　　　(b) 向上刈磨

图 1-66　断屑槽的刈磨方法

提示　由于受砂轮机砂轮粒度、跳动等影响,所磨出的车刀各刀面的形状与角度不准,表面粗糙度较大,因此应采用油石进行研磨,如图 1-67 所示,以达到更好的效果。研磨时可先采用粗粒度的油石粗研,再采用细粒度的油石精研。

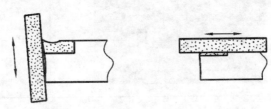

图 1-67　车刀的研磨

◀ 任务四　轴类零件的车削加工 ▶

【任务目标】

在机器中,用来支承回转零件及传递运动、转矩的零件称为轴。轴是机器中最基本、最重要的零件之一,一般由外圆柱面、端面、台阶、倒角、沟槽和中心孔等结构要素构成。本任务的目标是完成图 1-68 所示的车床变速手柄的车削加工,进一步掌握车床的基本操作与量具的使用,并按企业有关文明生产的规定,做到工作场地整洁,工件、刀具、工具、量具摆放整齐。

【任务相关内容】

一、轴类工件的装夹方法

1. 三爪自定心卡盘装夹

三爪自定心卡盘如图 1-69 所示,它的三个卡爪是同步运动的,能自动定心(装夹工件时一般不需要找正)。但在装夹较长的工件时,工件离三爪自定心卡盘夹持部分较远处的回转中心不一定与车床的主轴轴线重合,这时就需要找正。另外,三爪自定心卡盘使用较长时间后,精度

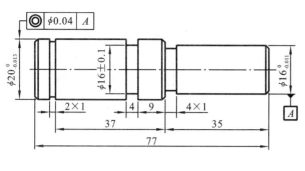

技术要求：
（1）表面粗糙度为$Ra1.6\,\mu m$；
（2）倒角C1；
（3）锐边去毛刺。

图 1-68　车床变速手柄加工图样

会变差，当工件的加工精度要求较高时，也需要找正。找正就是使工件的回转中心与车床的主轴轴线重合。

三爪自定心卡盘有正卡爪和反卡爪，正卡爪用于装夹外圆直径较小和内孔直径较大的工件，反卡爪用于装夹外圆直径较大的工件，如图 1-70 所示。

图 1-69　三爪自定心卡盘

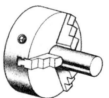

图 1-70　三爪自定心卡盘的应用

2. 四爪单动卡盘装夹

四爪单动卡盘如图 1-71 所示，它有四个各不相关的卡爪，每个卡爪背面有一半瓣内螺纹与夹紧螺杆啮合，四个夹紧螺杆的外端有方孔，用来安装插卡盘扳手的方榫。用卡盘扳手转动某一个夹紧螺杆时，与其啮合的卡爪就能单独运动。由于四爪单动卡盘的四个卡爪各自独立运动，装夹时不能自动定心，所以必须使工件加工部位的回转中心与车床的主轴轴线重合后才可开始车削。四爪单动卡盘的夹紧力比三爪自定心卡盘大，因此适用于装夹大型或形状不规则的工件。

图 1-71　四爪单动卡盘

提示　在调整四个卡爪的位置时，可参考卡盘平面多圈同心圆线来调节，使各卡爪至中心的距离基本相同。

3. 一夹一顶装夹

车削一般轴类工件,尤其是较重的工件时,可将工件的一端用三爪自定心卡盘或四爪单动卡盘夹紧,另一端用后顶尖支承,这种装夹方法称为一夹一顶装夹。

为了防止由于进给力的作用而使工件产生轴向移动,可以在主轴前端的锥孔内安装限位支撑,如图 1-72(a)所示,也可以利用工件的台阶进行限位,如图 1-72(b)所示。这种装夹方法安全、可靠,因此得到了广泛应用。

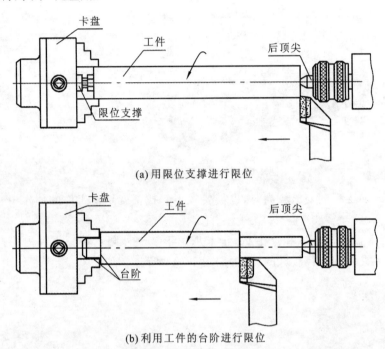

(a) 用限位支撑进行限位

(b) 利用工件的台阶进行限位

图 1-72 一夹一顶装夹

4. 两顶尖装夹

对于较长的工件、必须经过多次装夹才能加工好的工件,以及工序较多,在车削后还要进行铣削或磨削的工件,为了保证每次装夹时的装夹精度,可用车床的前、后顶尖进行装夹,这种装夹方法称为两顶尖装夹,其装夹形式如图 1-73 所示,工件由前顶尖和后顶尖定位,用鸡心夹头夹紧并带动工件同步运动。这种装夹方法的优点是装夹方便、不需要找正、装夹精度高;缺点是比一夹一顶装夹方法的刚性低,影响了切削用量的提高。

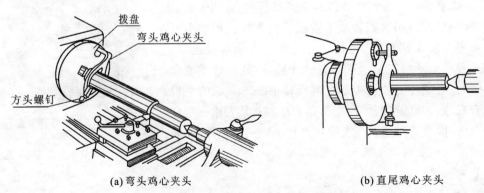

(a) 弯头鸡心夹头   (b) 直尾鸡心夹头

图 1-73 两顶尖装夹的装夹形式

5．中心孔和顶尖

1）中心孔

用一夹一顶和两顶尖装夹工件时，必须先在工件一端或两端的端面上加工出合适的中心孔。中心孔有四种类型，即 A 型（不带护锥）、B 型（带护锥）、C 型（带螺纹）、R 型（带圆弧），其结构特点和适用范围如表 1-11 所示。

表 1-11　中心孔的结构特点和适用范围

类型	图示	结构特点	适用范围
A 型	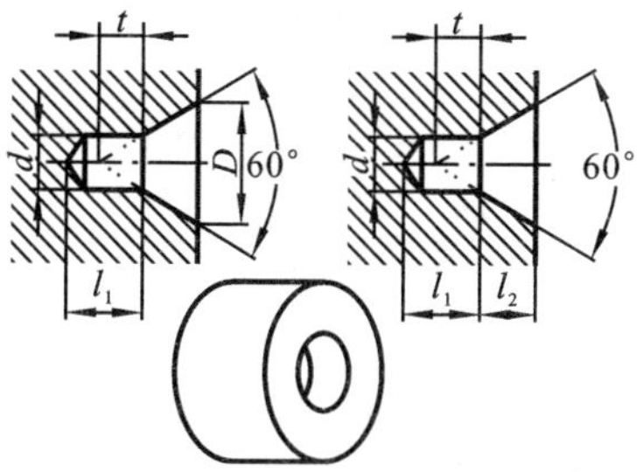	由圆柱部分和圆锥部分组成，圆锥部分的锥角为 60°，与顶尖锥面配合，起定心作用，并承受工件的重量和切削力，因此对锥面表面质量的要求较高	一般适用于不需要多次装夹或不保留中心孔的工件
B 型	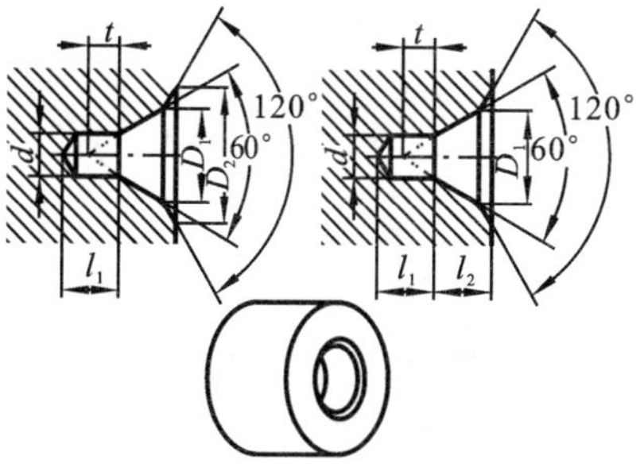	在 A 型中心孔的端部多一个 120°的圆锥面，目的是保护 60°锥面，不让其拉毛碰伤	一般适用于需要多次装夹的工件
C 型	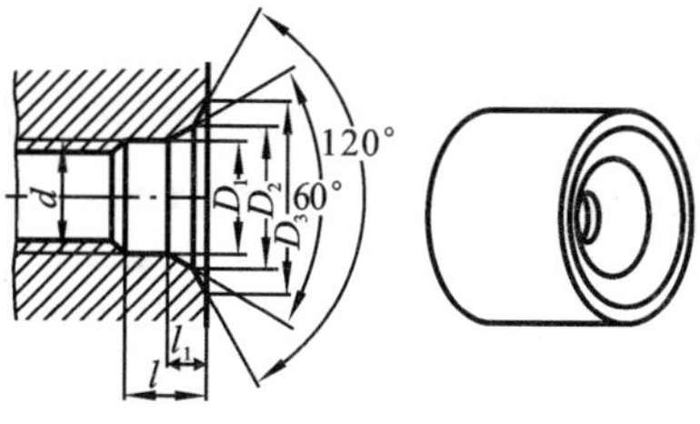	外端形似 B 型中心孔，里端有一个比圆柱部分还要小的内螺纹	将其他零件轴向固定在轴上，或将零件吊挂放置
R 型	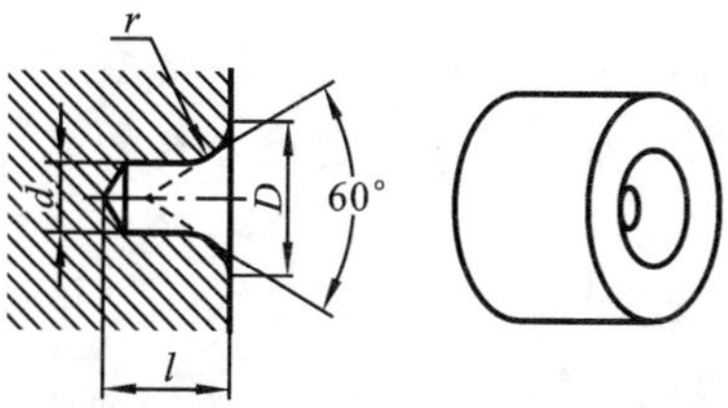	将 A 型中心孔的 60°圆锥母线由直线改为圆弧线。这样与顶尖锥面的配合就变成了线接触，在装夹轴类工件时，能自动纠正少量的位置偏差	轻型和高精度轴上采用 R 型中心孔

这四种中心孔的圆柱部分的作用是：储存油脂，避免顶尖触及工件，使顶尖与60°圆锥面配合贴紧。

中心孔通常用中心钻直接钻出，应用最多的中心钻是A型中心钻和B型中心钻两种。圆柱部分直径小于6.3 mm的A型和B型中心孔常用由高速钢制成的中心钻直接钻出。常用中心钻如图1-74所示。中心孔的标记实际上就是中心钻的标记，中心钻的完整标记由中心钻的类型代号、中心钻圆柱部分的直径、中心钻柄部的直径组成。

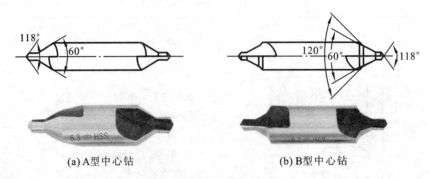

(a) A型中心钻　　　　　　　　　　　(b) B型中心钻

图1-74　常用中心钻

由于中心孔是移动尾座利用中心钻直接钻出的，因此中心孔加工深度的控制也就是尾座移动量的控制。中心孔加工深度是指中心孔圆柱部分和圆锥部分的长度。中心孔加工深度要求如图1-75所示。CA6140型卧式车床尾座的手轮每转一圈，其套筒向前移动的伸出量为5 mm。

2）顶尖

顶尖的作用是确定中心、承受工件重力和切削力。顶尖根据位置可以分为前顶尖和后顶尖。

（1）前顶尖。

前顶尖有装夹在主轴锥孔内的前顶尖和卡盘上车成的前顶尖两种，如图1-76所示。工作时前顶尖随同工件一起旋转，与中心孔无相对运动，不产生摩擦。

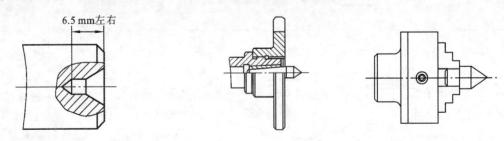

图1-75　中心孔加工深度要求　　　　　　　　图1-76　前顶尖

（2）后顶尖。

后顶尖有固定顶尖和回转顶尖两种。固定顶尖如图1-77(a)和图1-77(b)所示，其特点是刚性好，定心准确，但与工件中心孔之间存在滑动摩擦，容易产生过多热量而将中心孔和顶尖"烧坏"，尤其是普通固定顶尖。因此，固定顶尖只适合于低速加工精度要求较高的工件。目前，使用较多的固定顶尖是镶硬质合金的固定顶尖。回转顶尖如图1-77(c)所示，它可使顶尖与中心孔之间的滑动摩擦变成顶尖内部滚动轴承的滚动摩擦，能在很高的转速下正常工作，克服了固定顶尖的缺点，因此应用非常广泛。但是，由于回转顶尖存在一定的装配累积误差，且滚动轴承磨损后会使顶尖产生径向圆跳动，从而降低了定心精度。

(a) 普通固定顶尖

(b) 镶硬质合金的固定顶尖

(c) 回转顶尖

图 1-77 后顶尖

二、工件的找正

使工件在整个车削加工过程中始终能保持一个正确的加工位置是保证生产加工顺利进行的前提条件。找正就是要使工件的回转中心与车床主轴的回转中心重合,从而保持一个正确的加工位置。工件找正的方法有很多种,如表 1-12 所示。

表 1-12　工件找正的方法

方　　法	装夹方法	图　　示	方法说明
目测法	三爪自定心卡盘装夹	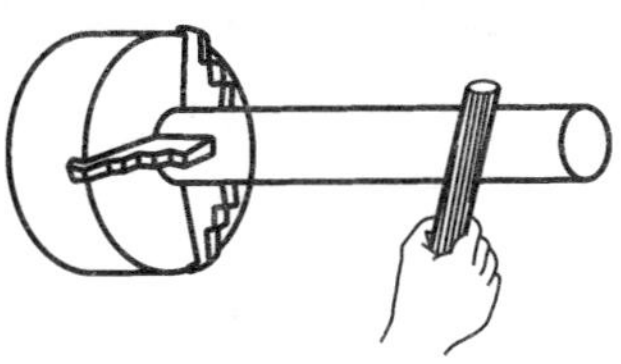	使三爪自定心卡盘慢速旋转,然后慢慢停车,在将停未停的状态下用双眼平视工件并目测工件的跳动情况,用软于工件的棒、锤等物敲击偏心侧,重复以上操作直至找正
划针法	三爪自定心卡盘装夹	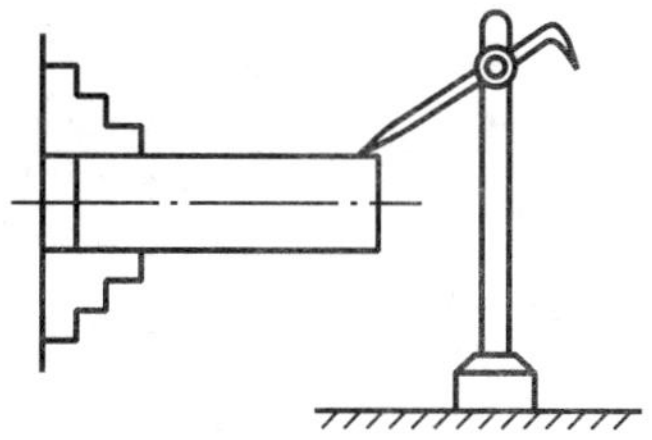	用三爪自定心卡盘轻轻夹住工件,将划针盘放在适当位置,使划针靠近工件悬伸端外圆柱表面,用手轻轻转动卡盘,观察划针与工件表面的接触情况,并用铜锤轻轻敲击工件悬伸端,直至划针与工件表面的间隙均匀一致,找正结束
	四爪单动卡盘装夹	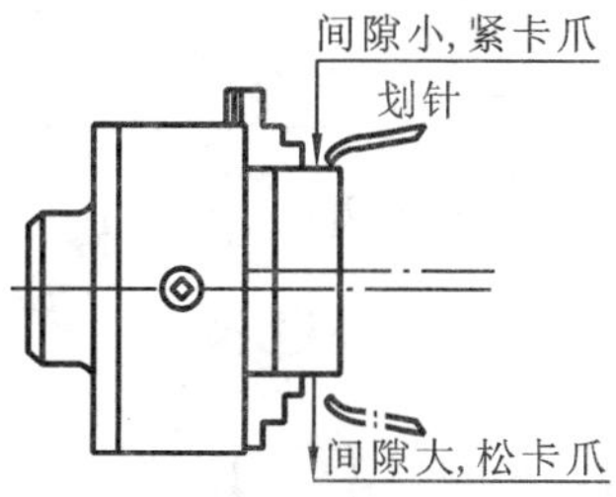 间隙小,紧卡爪　划针 间隙大,松卡爪	使划针靠近工件外圆柱表面,用手转动卡盘,观察工件表面与划针间的间隙大小,调整相应卡爪的位置,找正外圆
		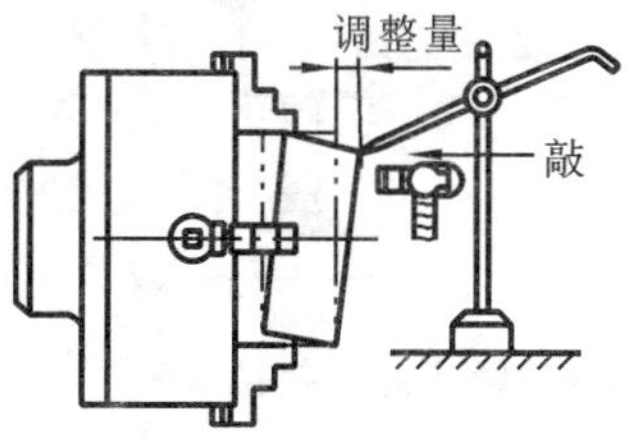 调整量　敲	使划针靠近工件端面的外缘处,用手缓慢转动卡盘,观察划针与工件表面间的间隙,找出离划针最近的位置,用铜棒或铜锤轻轻地向里敲击,找正端面

方 法	装夹方法	图 示	方法说明
百分表法	三爪自定心卡盘或四爪单动卡盘装夹		将磁性表座吸在车床固定不动的表面上,调整表架位置使百分表触头垂直指向工件悬伸端外圆柱表面,对于直径较大而轴向长度不大的盘形工件,可使百分表触头垂直指向工件端面的外缘处,并使百分表触头预先压下 0.5～1 mm,用手缓慢转动卡盘,并找正工件至每转中百分表读数的最大差值在 0.10 mm 以内(或视工件的精度要求而定)
圆头铜棒法	三爪自定心卡盘或四爪单动卡盘装夹		先在刀架上装夹一根圆头铜棒,然后用卡盘轻轻夹住工件,使主轴低速转动,再移动床鞍和中滑板,使刀架上的圆头铜棒轻轻接触和挤压工件端面的外缘,当目测工件端面基本上与主轴轴线垂直后,退出圆头铜棒,最后停车夹紧

提示 工件在掉头装夹时,一定要找正已加工表面,如图 1-78 所示。

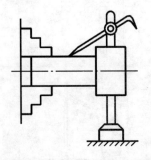

图 1-78 工件掉头装夹的找正

三、轴类零件的车削

1. 车刀的安装

车刀安装是否正确,直接影响车削加工的顺利进行和工件的加工质量。车刀的安装要求如下。

(1)车刀装夹在刀架上的伸出部分应尽量短,以增强其刚性,伸出部分的长度约为刀柄厚度的1.5倍,如图1-79所示。

(2)车刀下面垫片的数量应尽量少(一般为1~2片),并与刀架边缘对齐,且至少用2个螺钉平整压紧,以防振动。

(3)车刀的刀尖应与工件的回转中心等高,如图1-80所示。车刀刀尖对准工件回转中心的方法如表1-13所示。

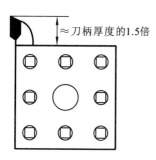

图 1-79　车刀在刀架上的伸出部分的长度

图 1-80　车刀的刀尖与工件的回转中心等高

表 1-13　车刀刀尖对准工件回转中心的方法

方　法	图　示	操作说明
测量装刀		用钢直尺测量装刀
		用游标卡尺直接测量刀具与垫片厚度来装刀

续表

方　法	图　示	操作说明
刻线对刀	 刻线	在中滑板端面上划出一条刻线，作为安装刀具、调整垫片的基准
顶尖对刀	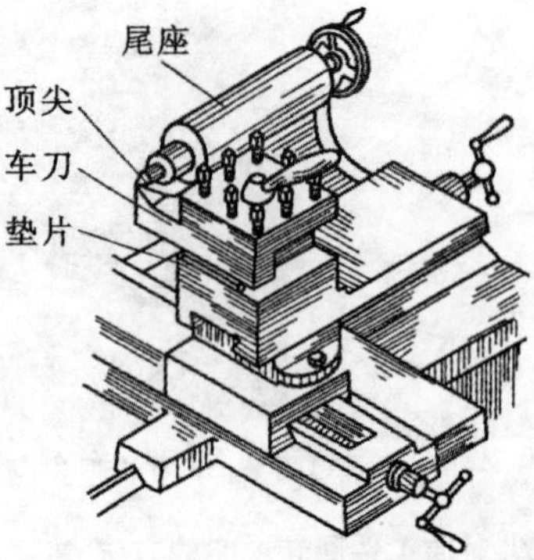 尾座　顶尖　车刀　垫片	根据车床尾座顶尖的高低直接装刀

2. 外圆的车削

将工件装夹在卡盘上，车刀安装在刀架上，使车刀接触工件并作纵向进给运动，便可车削出外圆。外圆的车削步骤如表 1-14 所示。

表 1-14　外圆的车削步骤

步　骤	图　示	操作说明
对刀		启动车床，使工件旋转，左手摇动床鞍手轮，右手摇动中滑板手柄，使车刀刀尖由远处逐渐靠近工件，并轻轻接触工件待加工表面

续表

步　骤	图　示	操 作 说 明
退刀		反向摇动床鞍手轮退刀,使车刀距离工件端面3~5 mm
调整切削深度		按照设定的进刀次数,选定切削深度(中滑板横向进给)
试切削		合上进给手柄,纵向车削2~3 mm,断开进给手柄
退刀测量		中滑板不动,退刀,停车测量试切后的外圆
再切削		根据测量情况对切削深度进行修正,再合上进给手柄,车至所需长度

3. 端面的车削

启动车床,使工件旋转,移动小滑板或床鞍控制切削深度,摇动中滑板手柄作横向进给运动,便可车削出端面。端面的车削步骤如表 1-15 所示。

表 1-15　端面的车削步骤

步　骤	图　示	操　作　说　明
对刀		启动车床,使工件旋转,左手摇动床鞍手轮,右手摇动中滑板手柄,使车刀刀尖由远处逐渐靠近工件端面(移动速度由快到慢),然后移动小滑板,使车刀刀尖轻轻接触工件端面
退刀		反向摇动中滑板手柄退刀,使车刀距离工件外圆 3～5 mm
调整切削深度		摇动小滑板手柄,使车刀纵向移动 0.5～1 mm
车削		合上进给手柄,车端面(在车至近中心处时,断开机动进给,改用手动进给,车至中心)

4. 台阶的车削

车台阶时不仅要车外圆,还要车环形端面。因此,车削时既要保证外圆尺寸和台阶的长度尺寸,又要保证台阶端面与工件轴线的垂直度。

1) 装刀要求

车台阶时,通常选用 90° 外圆偏刀。车刀的安装应根据粗、精车和余量的多少来调整。粗车时,为了增加切削深度,减小刀尖的压力,安装车刀时主偏角可小于 90° (一般为 85°~90°)。精车时,为了保证工件台阶端面与工件轴线的垂直度,主偏角应大于 90° (一般为 93° 左右),如图 1-81 所示。

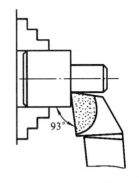

图 1-81 精车时车刀的安装

2) 车削方法

车台阶时,一般分为粗、精车。粗车时,台阶长度除第一挡(即端头)台阶长度略短外(留精车余量),其余各挡车至长度。精车时,通常在机动进给精车外圆至近台阶处时,以手动进给代替机动进给。当车到台阶端面时,应变纵向进给为横向进给,移动中滑板由里向外慢慢精车,以确保台阶端面与工件轴线的垂直度。

提示 车削高度小于 5 mm 的台阶时,可一次进给车出,车削高度大于 5 mm 的台阶时,应分层进行车削,如图 1-82 所示。

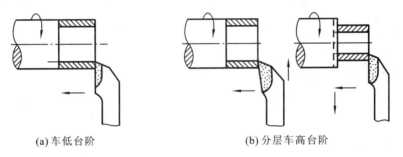

(a) 车低台阶   (b) 分层车高台阶

图 1-82 车台阶

3) 台阶长度的控制方法

车台阶时,准确掌握台阶长度的关键是按图样选择正确的测量基准。若测量基准选择不当,将造成累积误差而产生废品。

通常,控制台阶长度的方法有以下几种。

(1) 刻线法。如图 1-83(a) 所示,先用钢直尺量出台阶的长度尺寸,然后用车刀刀尖在台阶所在位置处划出一条线痕,再开始车削。

(2) 用挡铁控制台阶长度。如图 1-83(b) 所示,在成批生产台阶轴时,为了准确、迅速地控制台阶长度,可用挡铁来定位。先将挡铁 1 固定在床身导轨上,挡铁 1 与长度为 a_3 的台阶的轴向位置一致,然后固定挡铁 2、3,挡铁 2、3 的长度分别等于 a_2、a_1。当床鞍纵向进给碰到挡铁 3 时,长度为 a_1 的台阶车好;拿去挡铁 3,调整下一个台阶的切削深度,继续纵向进给,当床鞍碰到挡铁 2 时,长度为 a_2 的台阶车好;拿去挡铁 2,调整下一个台阶的切削深度,继续纵向进给,当床鞍碰到挡铁 1 时,长度为 a_3 的台阶车好。这样就完成了全部台阶的车削。

(3) 用床鞍进给刻度盘控制台阶长度,如图 1-83(c) 所示。CA6140 型卧式车床床鞍进给刻度盘一格相当于 1 mm,根据台阶长度可以计算出床鞍进给刻度盘手柄应转过的格数。

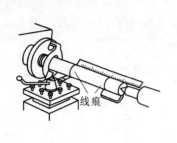

(a) 刻线法

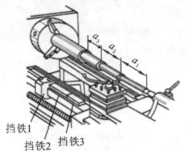

挡铁1
挡铁2 挡铁3

(b) 用挡铁控制台阶长度

(c) 用床鞍进给刻度盘控制台阶长度

图 1-83　控制台阶长度的方法

5. 倒角与锐边倒钝

工件加工完后,在端面与回转面相交处会存在尖角和毛刺。为了方便零件的使用,常采用倒角和锐边倒钝的方法来去除尖角和毛刺。倒角的方法如图 1-84 所示。图样中通常用"C"表示 45°倒角,其后的数字表示宽度,如图 1-85 所示。

图 1-84　倒角的方法(用 45°车刀倒角)

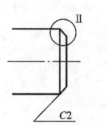

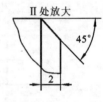

图 1-85　倒角图样的意义

四、车槽和切断

1. 切断刀

切断刀以横向进给为主,前端的切削刃为主切削刃,两侧的切削刃为副切削刃,如图 1-86 所示。一般,切断刀的主切削刃较窄,刀头较长,因此其强度较差。

切断刀有很多种,按切削部分材料的不同可以分为高速钢切断刀与硬质合金切断刀。高速钢切断刀的切削部分与刀杆为同一材料锻造而成,是目前应用较广泛的一种切断刀。硬质合金切断刀是由用作切削部分的硬质合金刀头焊接在刀杆上而成的,它适用于高速切削加工。按刀具性能与作用的不同,切断刀可以分为整体式切断刀、反向切断刀与弹性切断刀等。

前面
副切削刃
主切削刃
副后面
主后面
进给方向

图 1-86　切断刀

2. 切断刀的几何参数

1) 高速钢切断刀

高速钢切断刀的几何参数如表 1-16 所示。

表 1-16 高速钢切断刀的几何参数

内　容	图　示
高速钢切断刀的几何参数	

名　称	符　号	数据与公式
前角	γ_0	切断中碳钢材料时，$\gamma_0 = 20° \sim 30°$；切断铸铁材料时，$\gamma_0 = 0° \sim 10°$
主后角	α_0	一般情况下，$\alpha_0 = 6° \sim 8°$，切断塑性材料时取大值，切断脆性材料时取小值
副后角	α_0'	切断刀有两个对称的副后角，其作用是减少副后面与工件已加工表面之间的摩擦。一般，$\alpha_0' = 1° \sim 2°$
主偏角	κ_r	切断刀以横向进给为主，因此其主偏角 $\kappa_r = 90°$
副偏角	κ_r'	切断刀有两个副偏角，而且必须对称，以免因两侧所受的切削抗力不均而使刀头折断（或弯曲），一般，$\kappa_r' = 1° \sim 1°30'$
主切削刃宽度	a	主切削刃不能太宽，否则会因切削力过大而产生振动，也不能太窄，否则刀头强度不够。主切削刃宽度的计算公式为：$$a = (0.5 \sim 0.6)\sqrt{d}$$ 式中：a——主切削刃宽度，mm；　　　d——工件待加工表面直径，mm
刀头长度	L	刀头长度不能太长，否则容易引起振动（或使刀头折断）。刀头长度的计算公式为：$$L = h + (2 \sim 3)$$ 式中：L——刀头长度，mm；　　　h——切入深度，mm

2）硬质合金切断刀

用硬质合金切断刀切断工件时,切屑易堵塞在槽内,为了排屑顺利,一般将主切削刃两边倒角或磨成人字形。硬质合金切断刀如图 1-87 所示。

3. 车槽

1）车槽刀的安装

车槽刀安装时不宜过长,同时车槽刀的主切削刃应与工件轴线平行,以保证槽底平直。另外,车槽刀的中心线必须与工件的中心线垂直,以使两个副偏角对称。安装车槽刀时,可用 90°角尺检查车槽刀的副偏角,如图 1-88 所示。

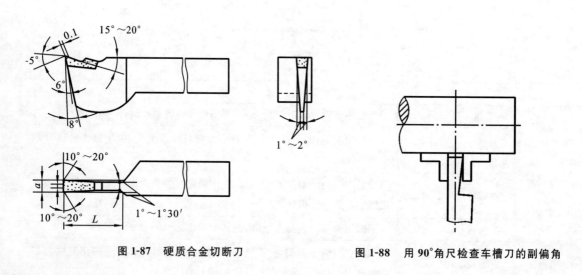

图 1-87　硬质合金切断刀　　　　　图 1-88　用 90°角尺检查车槽刀的副偏角

2）车槽的方法

车槽的方法如表 1-17 所示。

表 1-17　车槽的方法

槽 的 类 型	方 法 说 明	图　　示	检 测 方 法
要求不高,宽度较窄的槽	可用主切削刃宽度等于槽宽的车槽刀,采用直进法一次进给车出		

槽的类型	方法说明	图 示	检测方法
精度要求较高的槽	一般采用两次进给完成。第一次进给车槽时,槽壁两侧留有精车余量,第二次进给时用等宽的车槽刀进行修整,也可用原车槽刀根据槽深和槽宽进行精车		
宽槽	车削较宽的矩形槽时,可用多次直进法进行车削,并在槽壁两侧留有精车余量,然后根据槽深和槽宽精车至尺寸要求		
梯形槽	车削较小的梯形槽时,一般采用成形车刀一次进给车削完成;车削较大的梯形槽时,通常先车出直槽,然后用梯形车刀采用直进法或左右切削法车削完成		

4．切断

工件切断的方法有很多,如表 1-18 所示。

表 1-18 工件切断的方法

切断方法	说 明	图 示	特点和适用范围
直进法	垂直于工件轴线方向进行切断		切断效率高,但对车床、切断刀的刃磨和安装都有较高的要求,否则容易造成刀头折断

续表

切断方法	说　明	图　示	特点和适用范围
左右借刀法	切断刀沿轴线方向反复地往返移动,并在两侧径向进给,直到工件切断		在切断刀、工件以及车床刚性不足的情况下,可采用左右借刀法进行切断
反切法	反切法是指使工件反转,并将车刀反向安装进行切断		适用于较大工件的切断

　　提示　为了使被切下的工件不带有小凸头,或使带孔工件不留变形毛刺,可以将切断刀的主切削刃磨成斜刃,如图 1-89 所示。

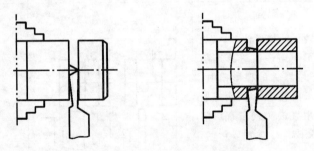

图 1-89　将切断刀的主切削刃磨成斜刃

五、目标零件的车削加工

车床变速手柄车削加工的步骤与方法如表 1-19 所示。

表 1-19　车床变速手柄车削加工的步骤与方法

步　骤	图　示	操作说明
装夹工件	45	用三爪自定心卡盘装夹工件,保证伸出卡爪外的工件长度为 45 mm,找正、夹紧

续表

步　骤	图　示	操作说明
车端面并钻中心孔		启动车床车端面（车平即可），并用中心钻钻 A2 中心孔
粗车大外圆	>42　ϕ21	粗车 ϕ20 mm 大外圆至 ϕ21 mm（即留 1 mm 精车余量），长度大于 42 mm
控制总长	77	工件掉头夹 ϕ21 mm 外圆，找正、夹紧。车端面，使总长为 77 mm，并用中心钻钻 A2 中心孔
粗车台阶外圆	34　ϕ17	粗车 ϕ16 mm 台阶外圆至 ϕ17 mm（即留 1 mm 精车余量），长度为 34 mm
精车台阶外圆	35　$\phi16_{-0.011}^{0}$	用两个顶尖装夹工件，精车台阶外圆至 $\phi16_{-0.011}^{0}$ mm，长度为 35 mm

续表

步 骤	图 示	操 作 说 明
车槽并倒角	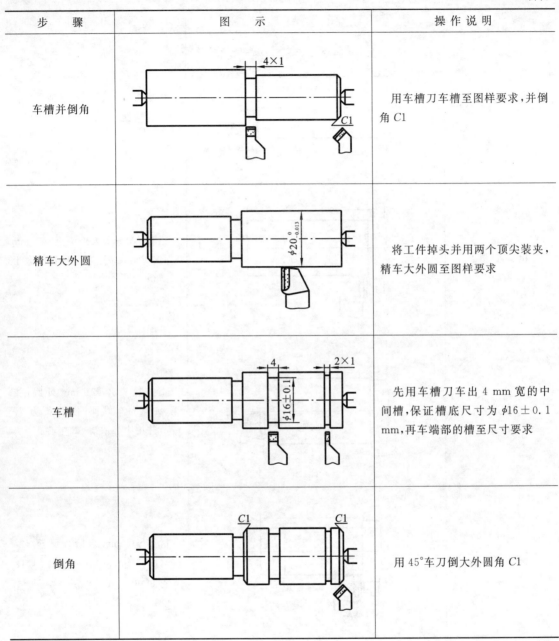	用车槽刀车槽至图样要求,并倒角 C1
精车大外圆		将工件掉头并用两个顶尖装夹,精车大外圆至图样要求
车槽		先用车槽刀车出 4 mm 宽的中间槽,保证槽底尺寸为 $\phi16\pm0.1$ mm,再车端部的槽至尺寸要求
倒角		用 45°车刀倒大外圆角 C1

◀ 任务五 套类零件的车削加工 ▶

【任务目标】

在机械零件中,一般把轴套、衬套等零件称为套类零件。其车削工艺主要是指圆柱孔的加工工艺。本任务的目标是完成图 1-90 所示的机床刻度手轮的车削加工,并掌握套类零件车削所用刀具的刃磨与相关工艺。

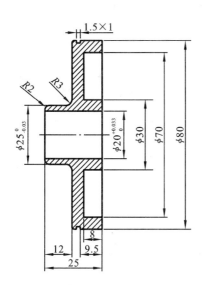

技术要求：
(1) 表面粗糙度为*Ra*1.6 μm；
(2) 未注倒角*C*0.2。

图 1-90　机床刻度手轮加工图样

【任务相关内容】

一、套类零件车削所用的刀具

1. 麻花钻

1）麻花钻的结构

麻花钻也称为钻头，是钻孔最常用的刀具，一般用高速钢制成，它由工作部分、颈部和柄部组成，如图 1-91 所示。

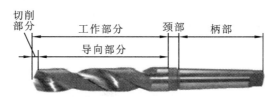

图 1-91　麻花钻

工作部分是麻花钻的主要切削部分，由切削部分和导向部分组成。切削部分主要起切削作用，导向部分在钻削过程中能起到保持确定的钻削方向、修光孔壁的作用。

直径较大的麻花钻在颈部标有麻花钻的直径、材料牌号、商标等，如图 1-92 所示。直径较小的直柄麻花钻没有明显的颈部。

麻花钻的柄部在钻削时起夹持定心和传递转矩的作用。麻花钻的柄部有直柄和莫氏锥柄两种，如图 1-93 所示。直柄麻花钻的直径一般为 0.3～16 mm。莫氏锥柄麻花钻的直径如表 1-20所示。

表 1-20　莫氏锥柄麻花钻的直径

莫氏锥柄号 （Morse No.）	No. 1	No. 2	No. 3	No. 4	No. 5	No. 6
钻头直径 *d*/mm	3～14	14～23.02	23.02～31.75	31.75～50.8	50.8～75	75～80

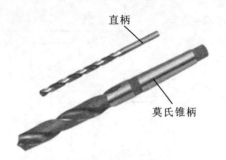

直柄

莫氏锥柄

图 1-92　麻花钻颈部的标记　　　　　　图 1-93　麻花钻的柄部

由于高速切削的发展,镶硬质合金的麻花钻(见图 1-94)也得到了广泛的应用。

图 1-94　镶硬质合金的麻花钻

2) 麻花钻切削部分的几何形状与角度

麻花钻切削部分的几何形状与角度如图 1-95 所示。它的切削部分可看成是正、反两把车刀,因此,其几何角度的概念和车刀基本相同,但也有其特殊性。

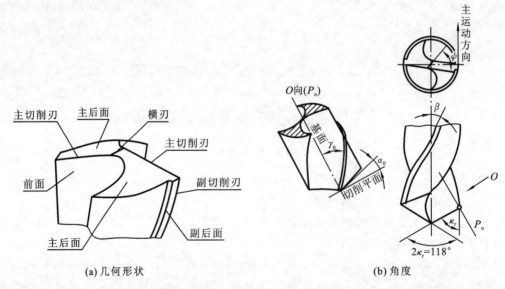

(a) 几何形状　　　　　　　　　　　　(b) 角度

图 1-95　麻花钻切削部分的几何形状与角度

(1) 螺旋槽。

麻花钻的工作部分有两条螺旋槽,其作用是构成主切削刃、排出切屑和通入切削液。麻花钻主切削刃上不同位置处的螺旋角、前角和后角的变化情况如表 1-21 所示。

表 1-21　麻花钻主切削刃上不同位置处的螺旋角、前角和后角的变化情况

角　　度	螺旋角 β	前角 γ_0	后角 α_0
定义	螺旋槽上最外缘的螺旋线展开成直线后与麻花钻轴线之间的夹角	基面与前面间的夹角	切削平面与主后面间的夹角
变化规律	在麻花钻切削刃上不同位置处，其螺旋角 β、前角 γ_0 和后角 α_0 也不同		
	自外缘向钻心逐渐减小	自外缘向钻心逐渐减小，并且在 $d/3$ 处前角为 $0°$，再向钻心处则为负数	自外缘向钻心逐渐增大
靠近外缘处	最大（名义螺旋角）	最大	最小
靠近钻心处	较小	较小	较大
变化范围	$18°\sim30°$	$-30°\sim+30°$	$8°\sim12°$
关系	对麻花钻前角的变化影响最大的是螺旋角，螺旋角越大，前角就越大		

（2）前面。

前面指切削部分的螺旋槽面，切屑由此面排出。

（3）主后面。

主后面指麻花钻钻顶的螺旋圆锥面，即与工件过渡表面相对应的刀面。

（4）主切削刃。

主切削刃指前面与主后面的交线，它担负着主要的切削工作。钻头有两个主切削刃。

（5）顶角。

在通过麻花钻轴线并与两条主切削刃平行的平面上，两条主切削刃投影间的夹角称为顶角，用符号 $2\kappa_r$ 表示。一般，麻花钻的顶角为 $100°\sim140°$，标准麻花钻的顶角为 $118°$。麻花钻顶角的大小对切削刃和加工的影响如表 1-22 所示。

表 1-22　麻花钻顶角的大小对切削刃和加工的影响

顶　角	图　示	切削刃形状	对加工的影响	适　用　范　围
$>118°$		凹曲线	顶角大，则切削刃短，定心差，钻出的孔容易扩大，同时，前角也比较大，使切削省力	适用于钻削较硬的材料
$=118°$		直线	适中	适用于钻削中等硬度的材料
$<118°$		凸曲线	顶角小，则切削刃长，定心准，钻出的孔不易扩大，同时，前角也比较小，使切削阻力较大	适用于钻削较软的材料

（6）前角。

主切削刃上任意一点的前角是过该点的基面与前面之间的夹角。麻花钻前角的变化情况如图 1-96 所示。

（7）后角。

主切削刃上任意一点的后角是该点的正交平面与主后面之间的夹角。为了测量方便，后角一般在圆柱面内进行测量，如图 1-97 所示。

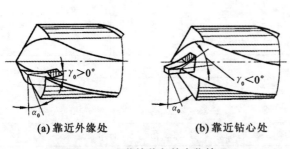

(a)靠近外缘处　　　　(b)靠近钻心处

图 1-96　麻花钻前角的变化情况

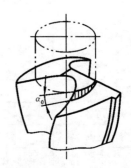

图 1-97　在圆柱面内测量后角

（8）横刃。

麻花钻两个主切削刃的连接线称为横刃。横刃担负着钻心处的钻削任务。横刃太短，会影响麻花钻的强度；横刃太长，会使轴向力增大，对钻削不利。

（9）横刃斜角。

在垂直于钻头轴线的端面投影中，横刃与主切削刃之间的夹角称为横刃斜角，用符号 ψ 表示。横刃斜角的大小与后角有关，后角增大时，横刃斜角减小，横刃也就变长；后角减小时，情况相反。横刃斜角一般为 55°。

（10）棱边。

棱边也称为刃带，它既是副切削刃，也是麻花钻的导向部分。棱边在钻削过程中的作用是保持确定的钻削方向、修光孔壁。

2. 内孔车刀

1）通孔车刀

通孔车刀如图 1-98 所示。为了减小背向力，防止振动，主偏角应取较大值，一般为 60°～75°，副偏角一般为 15°～30°，刃倾角为 6°。通孔车刀上磨有断屑槽，使切屑排向孔的待加工表面，即前排屑。

为了节省刀具的材料和增加刀柄的刚度，可以用高速钢或硬质合金做成大小适当的刀头，装在用碳钢和合金钢制成的刀柄上，在前端或上面用螺钉紧固。常用通孔车刀的刀柄有圆刀柄和方刀柄两种，如图 1-99 所示。

2）盲孔车刀

盲孔车刀如图 1-100 所示。其主偏角一般为 92°～95°，副偏角一般为 6°左右，刃倾角一般为 -2°～0°。盲孔车刀上磨有卷屑槽，使切屑呈螺旋状沿尾座方向排出孔外，即后排屑。

对盲孔车刀，也可以做出适当的刀头装在刀柄上，在前端用螺钉紧固。装夹式盲孔车刀如图 1-101 所示。

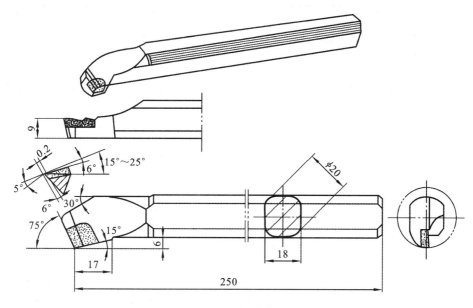

图 1-98 通孔车刀

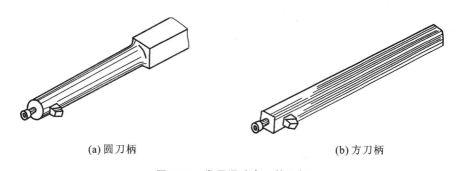

(a) 圆刀柄

(b) 方刀柄

图 1-99 常用通孔车刀的刀柄

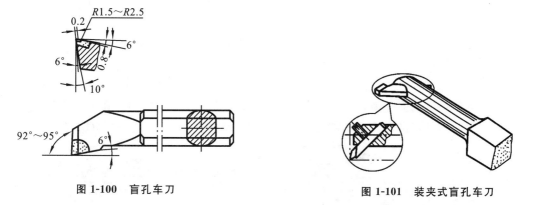

图 1-100 盲孔车刀

图 1-101 装夹式盲孔车刀

3. 内沟槽车刀

1）内沟槽车刀的结构形式

内沟槽车刀的几何形状与切断刀相似,只是装夹方向相反。在小直径内孔中车内沟槽的车刀一般做成整体式,如图 1-102(a)所示。对于在大直径内孔中车内沟槽的车刀,可做出车槽刀刀体,然后将其装夹在刀柄上使用,这种内沟槽车刀称为装夹式内沟槽车刀,如图 1-102(b)所示。由于内沟槽通常与孔的轴线垂直,因此要求内沟槽车刀的刀体与刀柄轴线垂直。

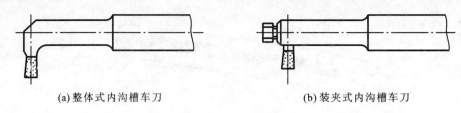

(a) 整体式内沟槽车刀　　　　　　　　　(b) 装夹式内沟槽车刀

图 1-102　内沟槽车刀

2) 内沟槽车刀的几何角度

由于内沟槽的结构不同,内沟槽车刀的结构也不一样,所以其几何角度也不相同。常用内沟槽车刀的几何角度如图 1-103 所示。

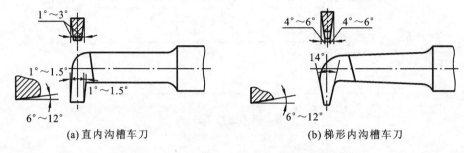

(a) 直内沟槽车刀　　　　　　　　　　(b) 梯形内沟槽车刀

图 1-103　常用内沟槽车刀的几何角度

二、套类零件的车削

1. 钻孔

用麻花钻在实体材料上加工孔的方法叫钻孔。钻孔属于粗加工,其尺寸精度一般为 IT11 至 IT12,表面粗糙度 Ra 为 $12.5\sim25~\mu\mathrm{m}$。

1) 麻花钻的选用

对于精度要求不高的内孔,可用麻花钻直接钻出;对于精度要求较高的内孔,钻孔后还要经过车削、扩孔和铰孔才能完成,在选用麻花钻时应留出下一道工序的加工余量。

选用麻花钻长度时,一般应使麻花钻螺旋槽部分略长于工件孔深。麻花钻过长,刚性较差,不利于钻削;麻花钻过短,会使排屑困难,也不宜钻穿孔。

2) 麻花钻的安装

直柄麻花钻用钻夹头直接装夹,再将钻夹头的锥柄插入尾座套筒的锥孔中,如图 1-104(a)所示。锥柄麻花钻可直接安装或用莫氏过渡锥套插入尾座锥孔中,如图 1-104(b)所示。

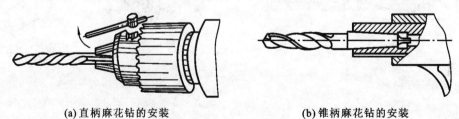

(a) 直柄麻花钻的安装　　　　　　　　(b) 锥柄麻花钻的安装

图 1-104　麻花钻的安装

3) 钻孔的方法

钻孔的操作步骤如下。

（1）钻孔前先将工件端面车平，中心处不允许留有凸台，以利于钻头的正确定心。

（2）找正尾座，使钻头中心对准工件的旋转中心，否则会使孔径扩大，甚至会使钻头折断。

（3）用细条麻花钻钻孔时，为了防止钻头晃动，可在刀架上夹一块挡铁，以支顶钻头帮助钻头定心，如图 1-105 所示。具体操作是：先将钻头钻入工件端面少许，然后摇动中滑板移动挡铁支顶钻头，当钻头逐渐不晃动时，继续钻削，当钻头已正确定心后，可退出挡铁。应当注意的是，挡铁切不可把钻头支顶过中心，否则钻头会折断。

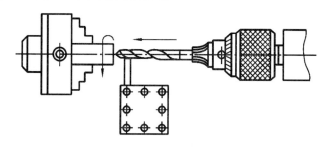

图 1-105　用挡铁支顶钻头

（4）如果用小直径的麻花钻钻孔，最好先在工件端面上钻出中心孔，再进行钻孔，这样同轴度较好。

（5）对于孔径超过 30 mm 的孔，不宜一次性钻成，最好先用小直径钻头钻孔，再用大直径钻头钻出所需尺寸的孔。

（6）钻不通孔与钻通孔的方法基本相同，不同的是钻不通孔时需要控制孔的深度。具体操作是：启动车床，转动尾座手轮，当钻头开始钻入工件端面时，用钢直尺量出尾座套筒的伸出长度，那么所钻不通孔的深度就应该控制为所测伸出长度加上孔深，如图 1-106 所示。

2. 车孔

1）内孔车刀的安装

为了保证加工安全和产品质量，安装内孔车刀时应注意以下几点。

（1）利用尾座顶尖使内孔车刀刀尖对准工件中心。

（2）刀杆应与工件轴心线基本平行。

（3）对于不通孔车刀，则要求其主切削刃与平面成 3°～5° 的夹角，横向应有足够的退刀余地，如图 1-107 所示。

图 1-106　钻不通孔

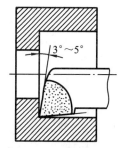

图 1-107　不通孔车刀的安装

（4）车孔前应先让内孔车刀在孔内试走一遍，以防止车到一定深度后刀杆与孔壁相碰。

2）车孔的方法

内孔的结构形式不同，其车削的方法也不一样。内孔的车削方法如表 1-23 所示。

表 1-23　内孔的车削方法

车削类型	图　示	进给路线	操作说明
车通孔	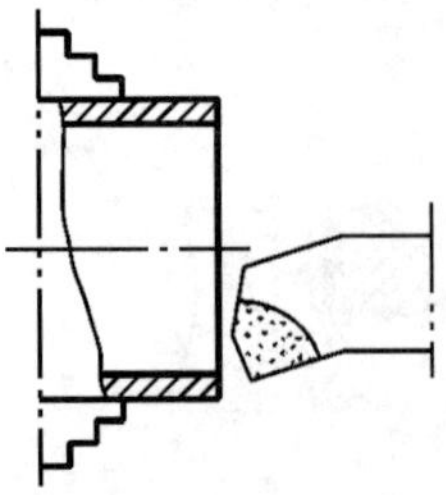	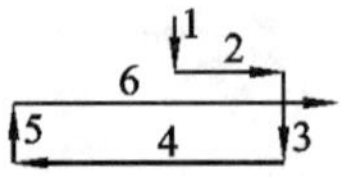 1（对刀）→2（退刀至孔口）→3（调整背吃刀量）→4（车削内孔）→5（退刀）→6（退出孔外）	通孔的车削与外圆的车削基本相同，只是进、退刀方向相反。在粗车或精车时要进行试车削，其横向进给量为径向余量的一半。当车刀纵向车削至 3 mm 左右时，纵向快速退刀，然后停车测量，根据测量结果，调整背吃刀量，再次进给试车削，直至符合要求，如图 1-108 所示
车台阶孔	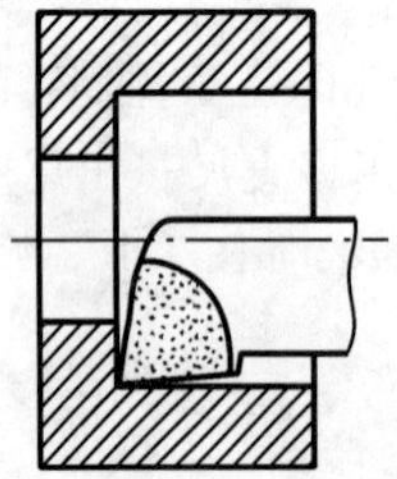	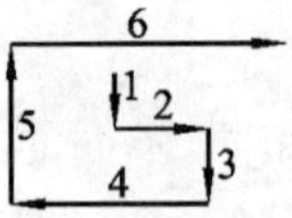 1（对刀）→2（退刀至孔口）→3（调整背吃刀量）→4（车削内孔）→5（车内台阶）→6（退出孔外）	（1）车直径较小的台阶孔时，常采用先粗车、精车小孔，再粗车、精车大孔的方法； （2）车直径较大的台阶孔时，常采用先粗车大孔和小孔，再精车大孔和小孔的方法； （3）车削孔径相差较大的台阶孔时，先用主偏角小于 90°的内孔车刀粗车，然后用偏刀精车； （4）通常采用在刀杆上做记号或安装限位铜片的方法来控制内孔台阶长度，如图 1-109 所示
车平底孔	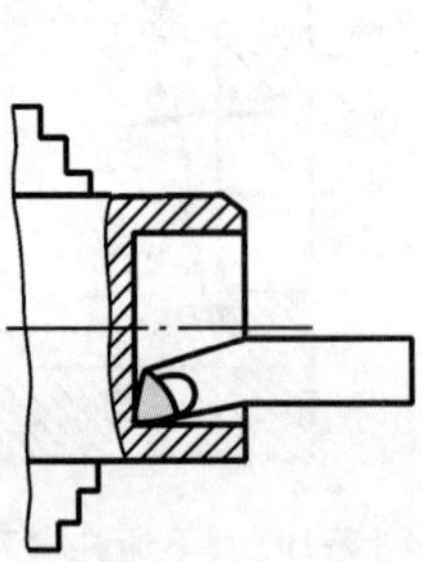	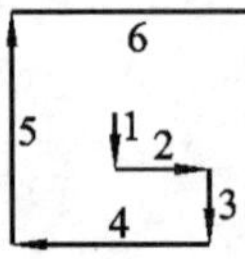 1（对刀）→2（退刀至孔口）→3（调整背吃刀量）→4（车削内孔）→5（车底平面）→6（退出孔外）	（1）选择比孔径小 2 mm 的麻花钻进行钻孔； （2）通过多次进刀，将孔底的锥形基本车平； （3）粗车内孔（留有精车余量），每次车至孔深时，车刀先横向往孔的中心退出，再纵向退出孔外； （4）精车内孔及底平面至尺寸要求

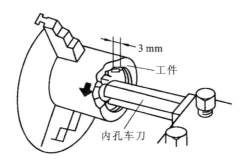

图 1-108　通孔的试车削

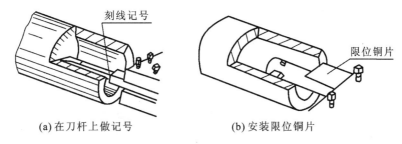

(a) 在刀杆上做记号 　　　　　(b) 安装限位铜片

图 1-109　内孔台阶长度的控制

3. 车内沟槽和端面沟槽

1）车内沟槽

内沟槽的车削方法如表 1-24 所示。

表 1-24　内沟槽的车削方法

车 削 类 型	图　　　示	操 作 说 明
车窄内沟槽		内沟槽车刀主切削刃的宽度和内沟槽宽度一致，直接车出
车宽内沟槽		先用通孔车刀粗车内沟槽，再用内沟槽车刀将内沟槽两侧的斜面精车成直角，并保证内沟槽孔径尺寸精度与表面粗糙度满足要求

续表

车削类型	图 示	操作说明
车梯形内沟槽	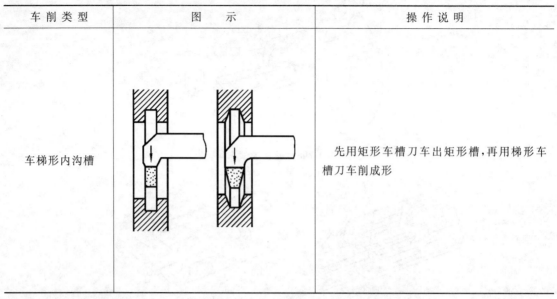	先用矩形车槽刀车出矩形槽,再用梯形车槽刀车削成形

2) 车端面沟槽

在端面上车直沟槽时,端面直沟槽车刀的几何形状是外圆车刀与内孔车刀的综合。车端面直沟槽时,要注意使端面直沟槽车刀的主切削刃垂直于工件的轴线,以保证车出的直沟槽底面与工件轴线垂直,如图 1-110 所示。

对于精度要求不高、宽度较小、较浅的直沟槽,通常采用等宽刀直进法一次进给车出,如果沟槽精度要求较高,通常采用先粗车(槽壁两侧留有精车余量),后精车的方法进行车削。

车较宽的端面直沟槽时,可先采用多次直进法进行粗车,如图 1-111(a)所示,然后精车至尺寸要求。如果端面直沟槽的宽度更大,一般先采用尖头刀横向进给进行粗车,如图 1-111(b)所示,再用正、反偏刀精车至尺寸要求。

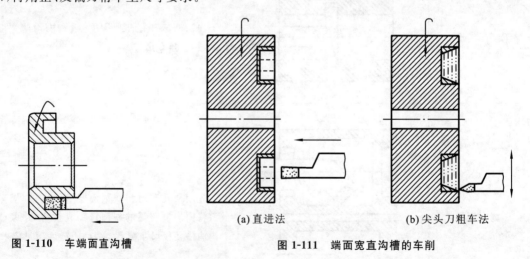

(a)直进法 (b)尖头刀粗车法

图 1-110 车端面直沟槽   图 1-111 端面宽直沟槽的车削

三、目标零件的车削加工

机床刻度手轮车削加工的步骤与方法如表 1-25 所示。

表 1-25 机床刻度手轮车削加工的步骤与方法

步　骤	图　示	操　作　说　明
粗车大外圆		装夹工件,用 90°车刀粗车 $\phi 80$ mm 外圆(留 1 mm 精车余量),长度大于 13 mm
粗车小外圆		掉头装夹,用 90°车刀车端面,使总长为 25 mm。横向进给粗车 $\phi 25$ mm 外圆(留 1 mm 精车余量),长度为 9 mm
精车小外圆并倒圆弧角		先用 R3 圆弧刀采用横向进给的方法控制台阶长度为 12 mm,再精车 $\phi 25$ mm 外圆至尺寸要求,然后用 R2 圆弧刀车 R2 圆弧

步　骤	图　示	操 作 说 明
钻孔、车端面沟槽		再次掉头装夹,先用麻花钻钻孔,再用端面沟槽车刀车端面沟槽至尺寸要求
精车大外圆、车槽		一端用梅花顶尖,另一端用锥形回转顶尖顶住工件,精车 $\phi80$ mm 外圆至尺寸要求,换 1.5 mm 车槽刀车槽至尺寸要求,并倒角 C0.2
车内孔		采用三爪自定心卡盘装夹 $\phi80$ mm 外圆,找正,用内孔车刀车 $\phi20$ mm 内孔至尺寸要求

◀ 任务六　圆锥零件的车削加工 ▶

【任务目标】

在机床和工具中,有许多使用圆锥面配合的场合,如车床主轴锥孔与顶尖的配合、车床尾座锥孔与麻花钻锥柄的配合等。本任务的目标是完成图 1-112 所示的锥度心轴的车削加工。

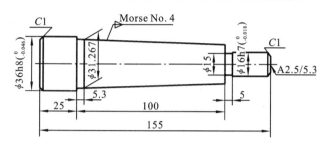

技术要求:
(1) 表面粗糙度为 $Ra1.6\ \mu m$;
(2) 未注倒角 $C0.2$。

图 1-112　锥度心轴加工图样

【任务相关内容】

一、圆锥的基本参数与计算

圆锥的基本参数如图 1-113 所示。不管是外圆锥还是内圆锥,其基本参数与各部分尺寸的计算都是相同的。圆锥各部分尺寸的计算如表 1-26 所示。

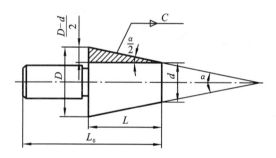

图 1-113　圆锥的基本参数

D——最大圆锥直径,mm;d——最小圆锥直径,mm;α——圆锥角,°;

$\alpha/2$——圆锥半角,°;L——圆锥长度,mm;C——锥度;L_0——工件全长,mm

表 1-26　圆锥各部分尺寸的计算

名　　称	符　号	定　　义	计 算 公 式
圆锥角	α	在通过圆锥轴线的截面内,两条长素线之间的夹角	—
圆锥半角	$\alpha/2$	圆锥角的一半	$\tan\dfrac{\alpha}{2}=\dfrac{D-d}{2L}=\dfrac{C}{2}$

名　称	符　号	定　义	计　算　公　式
最大圆锥直径	D	简称大端直径	$D = d + CL = d + 2L\tan\dfrac{\alpha}{2}$
最小圆锥直径	d	简称小端直径	$d = D - CL = D - 2L\tan\dfrac{\alpha}{2}$
圆锥长度	L	最大圆锥直径与最小圆锥直径之间的轴向距离	$L = \dfrac{D-d}{C} = \dfrac{D-d}{2\tan(\alpha/2)}$
锥度	C	圆锥大、小端直径之差与圆锥长度之比	$C = \dfrac{D-d}{L}$
工件全长	L_0	—	—

注：当 $\alpha/2 < 6°$ 时，才可用近似法计算圆锥半角。

二、圆锥的车削方法

1. 转动小滑板法车圆锥

转动小滑板法，是指将小滑板转动圆锥半角 $\alpha/2$，使车刀的运动轨迹与所要加工的圆锥素线平行，如图 1-114 所示。转动小滑板法操作简便，调整范围广，主要适用于单件、小批量生产，特别适用于加工工件长度较短、圆锥角较大的圆锥。

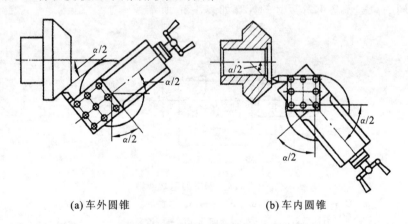

(a) 车外圆锥　　　　　　　　　　(b) 车内圆锥

图 1-114　转动小滑板法车圆锥

2. 偏移尾座法车圆锥

工件用两顶尖装夹，将尾座横向偏移一定距离 s，使工件轴线与主轴轴线相交成圆锥半角 $\alpha/2$，车刀作纵向进给运动，即可车出圆锥角为 α 的圆锥，如图 1-115 所示。

尾座偏移距离 s 按下式计算：

$$s = L\tan\alpha/2 = L(D-d)/2l$$

式中：L——两顶尖的距离，mm；

　　　α——圆锥角，$°$；

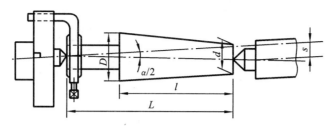

图 1-115 偏移尾座法车圆锥

D——最大圆锥直径,mm;

d——最小圆锥直径,mm;

l ——圆锥长度,mm。

3. 仿形法车圆锥

仿形法又称为靠模法,是指在车床床身后面安装固定靠模板,其斜角可以根据工件的圆锥半角 $\alpha/2$ 调整;取出中滑板丝杠,刀架通过中滑板与滑块刚性连接。这样,当床鞍纵向进给时,滑块沿着固定靠模板中的斜槽滑动,带动车刀作平行于靠模板斜面的运动,使车刀刀尖的运动轨迹平行于靠模板的斜面,这样就车出了外圆锥面,如图 1-116 所示。

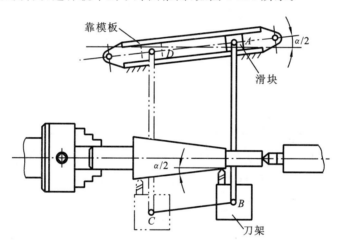

图 1-116 仿形法车圆锥

4. 宽刃刀车圆锥

宽刃刀车圆锥,实质上属于成形法车削,即用成形刀具对工件进行加工。宽刃刀车圆锥是指在安装车刀后,使主切削刃与主轴轴线的夹角等于工件的圆锥半角 $\alpha/2$,采用横向进给的方法加工出圆锥面。这种方法主要适用于锥面较短、圆锥半角精度要求不高的圆锥。

车削较短的外圆锥时,可先用宽刃粗车刀将被加工表面车成阶梯状,如图 1-117 所示,以去掉大部分余量,再用宽刃精车刀进行精车,如图 1-118 所示。

当工件圆锥面的长度大于宽刃刀的主切削刃时,一般要采用接刀法进行车削,如图 1-119 所示。

车削内圆锥的宽刃刀一般选用高速钢车刀,前角取 20°～30°,后角取 8°～10°,如图 1-120 所示。

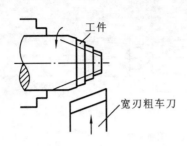

图 1-117　用宽刃粗车刀车成阶梯状

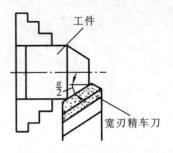

图 1-118　用宽刃精车刀进行精车

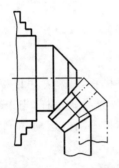

图 1-119　接刀法车圆锥

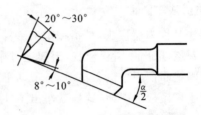

图 1-120　车削内圆锥的宽刃刀

三、目标零件的车削加工

锥度心轴车削加工的步骤与方法如表 1-27 所示。

表 1-27　锥度心轴车削加工的步骤与方法

步　骤	图　示	操　作　说　明
钻中心孔		夹工件毛坯外圆,车端面(车平即可),钻中心孔(A2.5 mm)
粗车外圆		一夹一顶装夹工件,粗车 Morse No.4 圆锥,大端直径为 32.5 mm,长度为 130 mm;车外圆 ϕ16 mm 至 ϕ17 mm,长度为 30 mm;倒角 C1

续表

步　骤	图　示	操作说明
掉头		将工件掉头,控制总长 155 mm 后钻中心孔(A2.5 mm)
精车外圆		两顶尖装夹,车外圆 $\phi36^{~0}_{-0.046}$ mm 至尺寸要求,控制尺寸 25 mm;车外圆 $\phi31.267$ mm 至尺寸要求,控制尺寸 100 mm;车外圆 $\phi16^{~0}_{-0.018}$ mm 至尺寸要求
车槽		车槽至尺寸要求
车圆锥		精车 Morse No.4 圆锥至尺寸要求后倒角 C1、C0.2

◀ 任务七　成形面的车削加工 ▶

【任务目标】

　　有些机器零件的表面在零件的轴向剖面中为曲线,具有这种特征的表面称为成形面。本任务的目标是完成图 1-121 所示的三球手柄的车削加工。

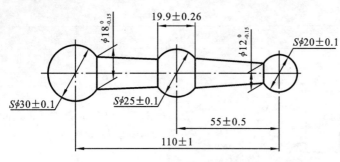

技术要求：
(1) 两端不允许留中心孔；
(2) 可用砂布（锉刀）抛光。

图 1-121　三球手柄加工图样

【任务相关内容】

一、成形面的车削方法

1. 双手控制法车成形面

在单件加工时，通常采用双手控制法车成形面，如图 1-122 所示。在车削时，用右手控制小滑板的进给，用左手控制中滑板的进给，通过双手的协同操作，使车刀的运动轨迹与工件成形面的素线一致，从而车出所要求的成形面。成形面也可利用床鞍和中滑板的合成运动进行车削。

1）单球手柄球状部分长度 L 的计算

车削图 1-123 所示的单球手柄时，应先按圆球直径 D 和柄部直径 d 车成两级外圆（留精车余量 0.2～0.3 mm），并车准球状部分长度 L。准确计算球状部分长度是保证球形形状精度的前提条件。球状部分长度可用下式计算：

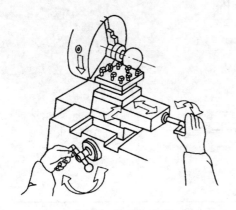

图 1-122　双手控制法车成形面

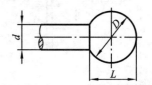

图 1-123　单球手柄

$$L = \frac{1}{2}(D + \sqrt{D^2 - d^2})$$

式中：L——球状部分长度，mm；

　　　D——圆球直径，mm；

　　　d——柄部直径，mm。

2）车削速度分析

车削速度分析示意图如图 1-124 所示。车削 a 点时，中滑板的进给速度 v_{ay} 要比床鞍的进给速度 v_{ax} 慢，否则车刀会快速切入工件，使工件直径变小；车削 b 点时，中滑板的进给速度 v_{by}

应与床鞍的进给速度 v_{bx} 相等；车削 c 点时，中滑板的进给速度 v_{cy} 要比床鞍的进给速度 v_{cx} 快，否则车刀会离开工件表面，车不至中心。

2. 成形法车成形面

成形法是用成形车刀对工件进行加工的方法。切削刃的形状与工件成形面轮廓形状相同的车刀称为成形车刀，又称为样板刀。数量较多、轴向尺寸较小的成形面可用成形法进行车削。

利用成形法车成形面时应注意以下几点。

（1）车床要有足够的刚度，车床各部分的间隙要调整得较小。

（2）成形车刀角度的选择要恰当。成形车刀的后角一般选得较小，通常为 $2°\sim5°$，刃倾角宜取 $0°$。

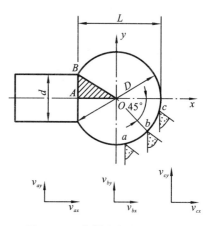

图 1-124　车削速度分析示意图

（3）成形车刀的刃口要对准工件的轴线，装高容易扎刀，装低会引起振动。必要时，可以将成形车刀反装，采用反切法进行车削。

（4）为了减少成形车刀切削刃的磨损，最好先用双手控制法将成形面粗车成形，再用成形车刀进行精车。

（5）应采用较小的切削速度和进给量，合理选用切削液。

3. 仿形法车成形面

刀具按照仿形装置进给对工件进行加工的方法称为仿形法。仿形法有很多种，下面介绍其中两种。

1）尾座靠模仿形法

尾座靠模仿形法如图 1-125 所示，把一个标准样件装在尾座套筒内，在刀架上装上长刀夹，长刀夹上装有圆头车刀和靠模杆，车削时，用双手操纵中、小滑板，使靠模杆始终贴在标准样件上，并沿着标准样件的表面移动，圆头车刀就在工件上车出与标准样件相同的成形面。

这种方法在一般车床上都能使用，但操作不太方便。

2）靠模板仿形法

靠模板仿形法如图 1-126 所示，在床身的后面装上支架和靠模板，滚柱通过拉杆与中滑板连接，当床鞍作纵向运动时，滚柱在靠模板的曲线槽中移动，使车刀作相应的曲线运动，从而车出成形面。中滑板的丝杠应取出，并将小滑板转过 $90°$ 以代替中滑板进给。

4. 用专用工具车成形面

1）用圆筒形刀具车圆球面

圆筒形刀具的结构如图 1-127(a)所示。其切削部分是一个圆筒，前端磨斜 $15°$，形成一个圆的切削刃。其尾柄和特殊刀柄应保持 0.5 mm 的配合间隙，并用销轴浮动连接，以自动对准圆球面中心。用圆筒形刀具车圆球面时，一般应先用圆头车刀大致粗车成形，再将圆筒形刀具的径向表面中心调整到与车床主轴轴线成一夹角 α，最后用圆筒形刀具将圆球面车削成形，如图 1-127(b)所示。

2）用铰链推杆车球面内孔

较大的球面内孔可用铰链推杆车出，如图 1-128 所示。将有球面内孔的工件装夹在卡盘上，在两顶尖间装夹刀柄，圆头车刀反装，车床主轴正转，刀架上安装推杆，推杆两端用铰链连接。当刀架纵向进给时，圆头车刀在刀柄上转动，即可车出球面内孔。

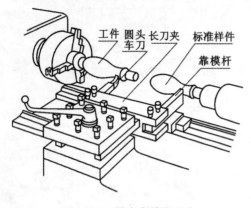

图 1-125　尾座靠模仿形法

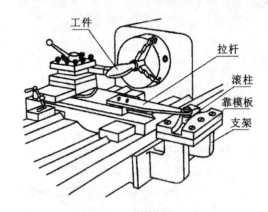

图 1-126　靠模板仿形法

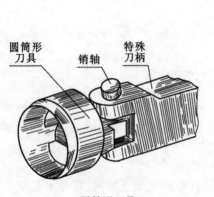

(a) 圆筒形刀具

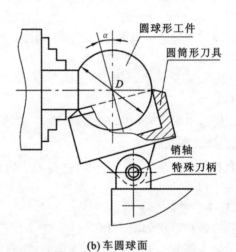

(b) 车圆球面

图 1-127　用圆筒形刀具车圆球面

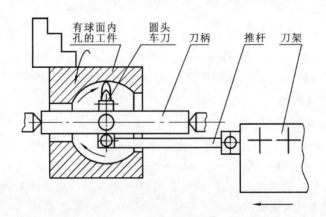

图 1-128　用铰链推杆车球面内孔

二、目标零件的车削加工

三球手柄车削加工的步骤与方法如表 1-28 所示。

表 1-28　三球手柄车削加工的步骤与方法

步　骤	图　示	操 作 说 明
钻中心孔	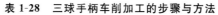	用三爪自定心卡盘装夹工件,车平端面后车外圆 $\phi 7$ mm×5 mm,再钻中心孔(A2 mm)
车外圆		一夹一顶装夹工件(注意三爪夹持长度不大于 10 mm),先车外圆 $\phi 30^{+0.3}_{+0.2}$ mm,长度大于(或等于)135 mm,再车外圆 $\phi 25^{+0.3}_{+0.2}$ mm,长度为 108 mm,最后车外圆 $\phi 20^{+0.3}_{+0.2}$ mm,长度为 55.05 mm
车槽		用车槽刀车槽,转动小滑板,粗、精车柄部圆锥至尺寸要求
车圆球面		先用双手控制法车各圆球面,并修整接刀痕迹,再用砂布抛光,最后切断工件

续表

步　骤	图　示	操　作　说　明
精修 $S\phi30$ mm 圆球端部	对分夹套　$S\phi30\pm0.1$	先用对分夹套和软卡爪装夹工件,并找正,然后用圆头车刀修整 $S\phi30$ mm 圆球端部,再用砂布抛光
精修 $S\phi20$ mm 圆球端部	$S\phi20\pm0.1$	掉头,先用上述相同的方法装夹工件并找正,然后用圆头车刀修整 $S\phi20$ mm 圆球端部,再用砂布抛光

◀ 任务八　螺纹零件的车削加工 ▶

【任务目标】

　　螺纹在各种机器中的应用非常广泛。本任务的目标是完成图 1-129 所示的机床润滑捏手的车削加工,并掌握螺纹零件车削所用刀具的刃磨与相关工艺。

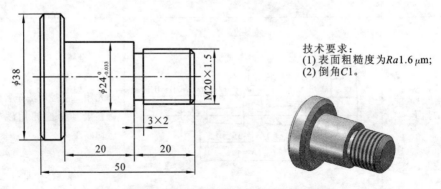

技术要求:
(1) 表面粗糙度为 $Ra1.6\ \mu m$;
(2) 倒角 $C1$。

图 1-129　机床润滑捏手加工图样位置示意图

【任务相关内容】

一、螺纹概述

1. 螺纹的基本要素

螺纹的基本要素包括牙型角、牙型高度、螺纹大径、螺纹中径、螺纹小径、导程、螺纹升角等，如表 1-29 所示。

表 1-29　螺纹的基本要素

| (a) 外螺纹 | (b) 内螺纹 |

名　称	符　号	含　义
牙型角	α	螺纹牙型上相邻两侧边的夹角
牙型高度	h_1	螺纹牙型上牙顶到牙底在垂直于螺纹轴线方向上的距离
螺纹大径	d、D	与外螺纹牙顶或内螺纹牙底相切的假想圆柱或圆锥的直径。螺纹公称直径是代表螺纹尺寸的直径，一般是指螺纹大径的基本尺寸
螺纹小径	d_1、D_1	与外螺纹牙底或内螺纹牙顶相切的假想圆柱或圆锥的直径
螺纹中径	d_2、D_2	螺纹中径是指一个假想圆柱或圆锥的直径，该圆柱或圆锥的素线通过牙型上沟槽宽度和凸起宽度相等的地方
螺距	P	相邻两牙在中径线上对应两点间的轴向距离
导程	P_h	导程是指同一条螺旋线上相邻两牙在中径线上对应两点间的轴向距离。导程可按公式 $P_h = nP$ 计算。式中：P_h——导程，mm；n——线数；P——螺距，mm
螺纹升角	Ψ	在中径圆柱或中径圆锥上，螺旋线的切线与垂直于螺纹轴线的平面间的夹角称为螺纹升角（见图 1-130）。螺纹升角可按公式 $\tan\Psi = \dfrac{P_h}{\pi d_2} = \dfrac{nP}{\pi d_2}$ 计算。式中：Ψ——螺纹升角，°；P——螺距，mm；d_2——螺纹中径，mm；n——线数；P_h——导程，mm

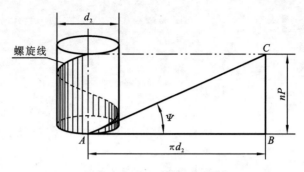

图 1-130　螺纹升角

2. 螺纹的种类

螺纹应用广泛且种类繁多,可从用途、牙型、旋向、线数等方面进行分类。螺纹按牙型分类的基本情况如表 1-30 所示。

表 1-30　螺纹按牙型分类的基本情况

分　类	图　示	牙型角	特点说明	应　用
三角形螺纹		60°	牙型为三角形	用于紧固、连接、调节等
矩形螺纹		0°	牙型为矩形,传动效率高,但牙根强度低,精加工困难	用于螺旋传动
锯齿形螺纹		33°	牙型为锯齿形,牙根强度高	用于单向螺旋传动(多用于起重机械或压力机械)
梯形螺纹		30°	牙型为梯形,牙根强度高,易加工	广泛用于机床设备的螺旋传动

螺纹按旋向可分为左旋螺纹和右旋螺纹。顺时针旋入的螺纹为右旋螺纹,逆时针旋入的螺纹为左旋螺纹,如图 1-131 所示。

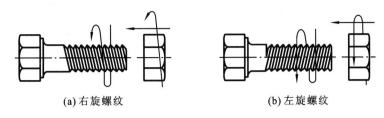

|(a) 右旋螺纹|(b) 左旋螺纹|

图 1-131　螺纹的旋向

螺纹按线数可分为单线螺纹和多线螺纹,如图 1-132 所示。

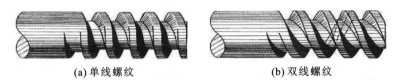

|(a) 单线螺纹|(b) 双线螺纹|

图 1-132　螺纹的线数

螺纹按螺旋线形成的表面可分为外螺纹和内螺纹。

3．螺纹的标记

常用螺纹的标记如表 1-31 所示。

表 1-31　常用螺纹的标记

螺 纹 种 类		特征代号	牙型角	标 记 示 例	标 记 方 法
普通螺纹	粗牙普通螺纹	M	60°	M16LH-6g-L 说明: M——粗牙普通螺纹; 16——公称直径; LH——左旋; 6g——中径和顶径公差带代号; L——长旋合长度	(1) 粗牙普通螺纹不标螺距; (2) 右旋不标旋向代号; (3) 旋合长度有长旋合长度 L、中等旋合长度 N 和短旋合长度 S,中等旋合长度不标注; (4) 螺纹公差带代号中,前者为中径公差带代号,后者为顶径公差带代号,两者相同时,只标注一个
	细牙普通螺纹			M16×1-6H7H 说明: M——细牙普通螺纹; 16——公称直径; 1——螺距; 6H——中径公差带代号; 7H——顶径公差带代号	

螺纹种类		特征代号	牙型角	标记示例	标记方法
管螺纹	55°非密封管螺纹	G	55°	G1A 说明： G——55°非密封管螺纹； 1——尺寸代号； A——外螺纹公差等级代号	（1）尺寸代号：在向米制转化时，已为人们所熟悉的原代表螺纹公称直径（单位为英寸）的简单数字被保留下来，没有换算成毫米，不再称作公称直径，也不是螺纹本身的任何直径尺寸，只是无单位的代号； （2）右旋不标旋向代号
	55°密封管螺纹 圆锥内螺纹	Rc	55°	Rc1$\frac{1}{2}$-LH 说明： Rc——圆锥内螺纹，属于55°密封管螺纹； 1$\frac{1}{2}$——尺寸代号； LH——左旋	
	圆柱内螺纹	Rp			
	与圆柱内螺纹配合的圆锥外螺纹	R_1			
	与圆锥内螺纹配合的圆锥外螺纹	R_2			
	60°密封管螺纹 圆锥管螺纹（内、外）	NPT	60°	NPT3/4-LH 说明： NPT——圆锥管螺纹，属于60°密封管螺纹； 3/4——尺寸代号； LH——左旋	
	圆柱内螺纹	NPSC		NPSC3/4 说明： NPSC——圆柱内螺纹，属于60°密封管螺纹； 3/4——尺寸代号	

二、螺纹的车削方法

1. 螺纹车刀的装夹

螺纹的车削方法属于成形车削法，螺纹车刀切削部分的几何形状应和螺纹牙型和轴向剖面的形状符合，即在径向前角等于0°时，其刀尖角 ε_r 应与螺纹牙型角 α 相等，即 $\varepsilon_r = \alpha = 60°$，但车削时容易扎刀。因此大多数螺纹都采用正径向前角 γ_f，以利于切削，此时，螺纹车刀的刀尖角应小于螺纹牙型角，当 $\gamma_f = 15°$ 时，螺纹车刀的刀尖角 $\varepsilon_r \approx 59°$，如图 1-133 所示。

装夹螺纹车刀时,刀尖应与工件轴线等高,刀尖角 ε_r 的对称线应与工件轴线垂直,通常用样板找正螺纹车刀的位置,如图 1-134 所示。

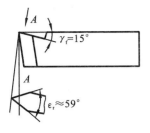

图 1-133　螺纹车刀

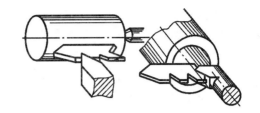

图 1-134　用样板找正螺纹车刀的位置

2. 螺纹的车削

1) 螺纹车削的进刀方法

螺纹车削的进刀方法如表 1-32 所示。

表 1-32　螺纹车削的进刀方法

进刀方法	直 进 法	斜 进 法	左右切削法
作 业 图			
操作说明	车削时只用中滑板横向进给	车削时,除用中滑板横向进给外,还用小滑板向一个方向微量进给	除用中滑板横向进给外,还用小滑板向左或向右微量进给
加工情况	双面切削	单面切削	

在高速车削螺纹时,为了防止切屑使牙侧起毛刺,不宜采用斜进法和左右切削法,只能采用直进法。高速切削三角形外螺纹时,由于受车刀挤压,使外螺纹大径尺寸变大,所以车削螺纹前的外圆直径应比外螺纹大径小一些。当螺距为 1.5～3.5 mm 时,车削螺纹前的外圆直径一般可以减小 0.2～0.4 mm。

2）螺纹车削的操作方法

常用的螺纹车削的操作方法有开倒顺车法和提开合螺母法。

图 1-135 所示为开倒顺车法车螺纹,一般习惯用左手握主轴箱操作手柄控制车床正反转,右手握中滑板手柄控制背吃刀量。

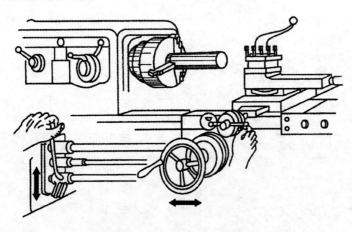

图 1-135　开倒顺车法车螺纹

图 1-136 所示为提开合螺母法车螺纹,左手握中滑板手柄,右手握开合螺母手柄,先将开合螺母手柄向下压,当一次车削完成后,迅速用左手摇退中滑板手柄,再立即用右手将开合螺母手柄提起,使床鞍停止移动。

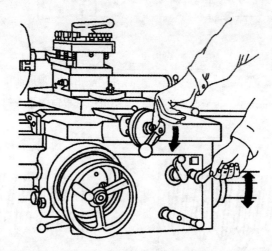

图 1-136　提开合螺母法车螺纹

螺纹的车削方法如表 1-33 所示。

表 1-33　螺纹的车削方法

步　骤	图　示	操　作　说　明
开车对刀	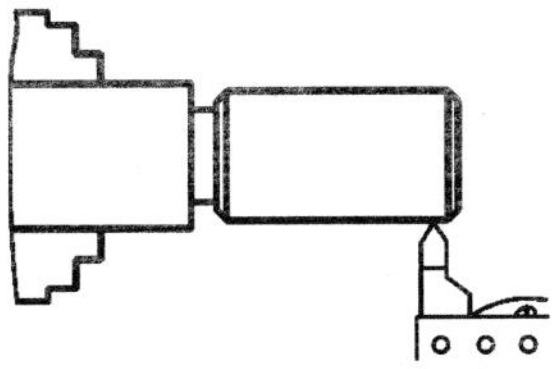	启动车床,对刀,记下中滑板刻度值,先向后再向右退出车刀
进刀试车	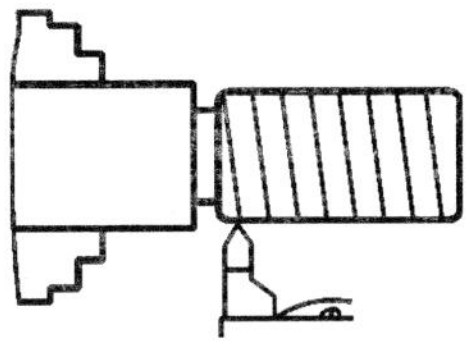	利用中滑板进刀 0.05 mm 左右,合上开合螺母,在工件表面车出一条螺旋槽
螺距检测	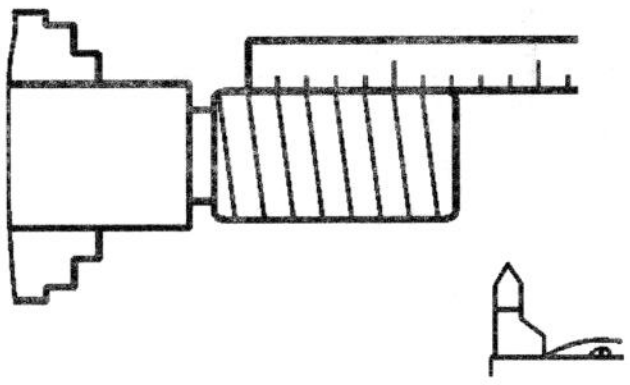	开反车使车床反转,纵向退回车刀,停车后用钢直尺(或螺纹规等)检测螺距是否正确
车削	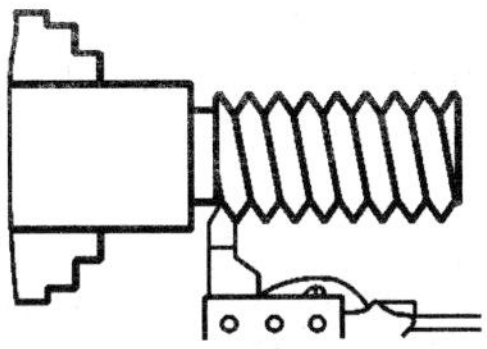	利用刻度盘调整背吃刀量,开车进行车削,车至行程终了时,一边横向退出车刀,一边开反车退回车刀,当车刀退出切削区后,再调整背吃刀量,继续车削,直至螺纹合格

3. 中途对刀

在车削螺纹的过程中,刀具磨损或损坏后,需要将其拆下修磨或更换,重新装刀时,刀尖往往会不在原来的螺旋槽内,如果继续车削,就会乱牙,这时需要将刀尖调整到原来的螺旋槽中后才能继续车削,这个过程称为中途对刀。中途对刀的方法可分为静态对刀法和动态对刀法两种。

1) 静态对刀法

主轴慢速正转,合上开合螺母,当刀尖接近螺旋槽时停车(主轴不可反转),移动中、小滑板将刀尖移至螺旋槽中,记下中滑板刻度值后退出车刀,如图 1-137 所示。

2) 动态对刀法

静态对刀法凭目测对刀,有一定的误差,适用于粗对刀。在精对刀时一般采用动态对刀法。动态对刀的步骤与操作方法如表 1-34 所示。

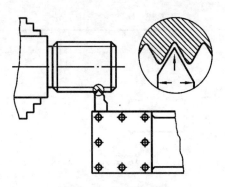

图 1-137　静态对刀法

表 1-34　动态对刀的步骤与操作方法

步　骤	图　示	操 作 方 法
退刀		换刀后使车刀刀尖对正工件中心,然后使车刀退出螺纹加工表面
空走刀		启动车床,按下开合螺母,进行空走刀(无切削动作),待车刀移至加工区域时立即停车
对准螺旋槽		移动中、小滑板,使车刀刀尖对准螺旋槽中间
调整		再次启动车床,观察车刀刀尖在螺旋槽内的情况,根据情况调整中、小滑板,确保车刀刀尖对准螺旋槽

三、目标零件的车削加工

机床润滑捏手车削加工的步骤与方法如表 1-35 所示。

表 1-35　机床润滑捏手车削加工的步骤与方法

步　骤	图　示	操 作 说 明
车端面		用三爪自定心卡盘装夹工件,伸出长度约 60 mm,找正,夹紧,车端面
车外圆		粗、精车各外圆至图样要求
倒角		在 φ38 mm 外圆和螺纹外圆处倒角
车槽		用刀宽为 3 mm 的车槽刀车槽宽为 3 mm,槽深为 2 mm 的槽至尺寸要求

步　骤	图　示	操作说明
车螺纹	50.5　M20×1.5	采用开倒顺车法,以直进法粗、精车 M20×1.5 螺纹至图样要求,用切断刀将工件切断,总长为50.5 mm
控制总长	50	掉头包铜皮夹 ϕ24 mm 外圆找正,车端面,控制总长为 50 mm,并倒角 C1

训练二

钳工训练

钳工是使用钳工工具或设备,按技术要求对工件进行加工、修整、装配的工种。其特点是手工操作多,灵活性强,工作范围广,技术要求高。

◀ 任务一　划线操作 ▶

【任务目标】

划线是根据图样或实物的尺寸,用划线工具准确地在毛坯或工件表面上划出加工界线或划出作为基准的点、线的操作过程。本任务的目标是用常用划线工具在板料上完成图 2-1 所示工件的划线操作。

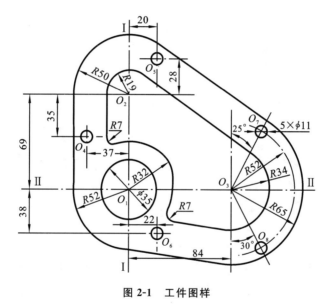

图 2-1　工件图样

【任务相关内容】

一、常用划线工具及其使用

1. 常用划线工具

1）划线平台

划线平台一般用铸铁制成,是划线的基本工具,如图 2-2 所示。其工作表面经过精刨或刮削加工。

2）划针

划针如图 2-3 所示,通常用工具钢或弹簧钢制成,其长度为 $200\sim300$ mm,直径为 $3\sim6$ mm,尖端磨成 $10°\sim20°$ 角,并淬火。

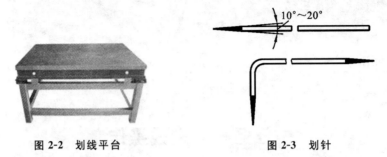

图 2-2　划线平台　　　　　　　　　　图 2-3　划针

3）划规

划规在划线中主要用来划圆和圆弧、等分线段和角度、量取尺寸等。钳工常用划规有普通划规、弹簧划规和长划规。

（1）普通划规。

普通划规如图 2-4 所示,其结构简单,制造方便。

（2）弹簧划规。

弹簧划规如图 2-5 所示,使用时可通过旋转调节螺母来调节尺寸。

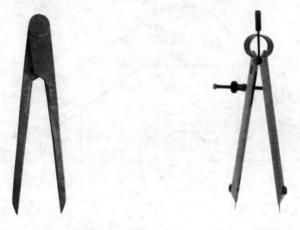

图 2-4　普通划规　　　　　　　　　图 2-5　弹簧划规

（3）长划规。

长划规也叫滑动划规,如图 2-6 所示。长划规主要用来划大尺寸的圆,使用时在滑杆上滑动划规脚就可以得到所需要的尺寸。

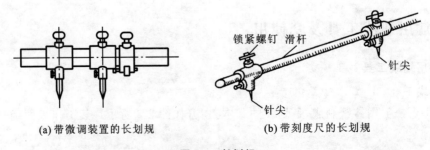

(a) 带微调装置的长划规　　　　　　　(b) 带刻度尺的长划规

图 2-6　长划规

4）划线盘

划线盘一般用于立体划线和校正工件位置，它有普通式和调节式两种，如图 2-7 所示。划线盘一般由底座、立柱、划针和夹紧螺母等组成。夹紧螺母可将划针固定在立柱的任何位置。

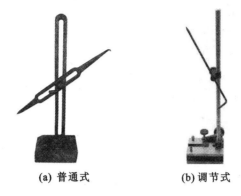

(a) 普通式   (b) 调节式

图 2-7 划线盘

5）划线锤

线划锤如图 2-8 所示，用来在划出的线上打样冲眼，并在划线时用来调整划线盘划针的升降。

6）样冲

样冲是用于在划出的线上打样冲眼的工具，如图 2-9 所示。样冲眼可使划出的线上具有永久性的标记。

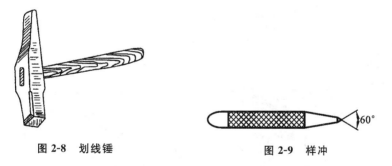

图 2-8 划线锤   图 2-9 样冲

7）各种支承工具

支承工具用来支承和调整工件，以保证工件划线位置的正确性，主要有 V 形铁、千斤顶、方箱、直角铁、G 形夹头、楔铁等，如表 2-1 所示。

表 2-1 划线用支承工具

种 类	图 示	功 用 说 明
V 形铁		用铸铁制成，用来支承圆形工件，如轴类、套筒类工件

种 类	图 示	功 用 说 明
千斤顶		用来支承毛坯或不规则工件进行立体划线,同时调整工件高度
方箱		用灰铸铁制成,其相对的平面互相平行,相邻的平面互相垂直。划线时,可用 C 形夹头将工件夹于方箱上,通过翻转方箱,便可在一次安装的情况下,将工件上互相垂直的线全部划出来
直角铁		用铸铁制成,有两个互相垂直的平面。直角铁上的孔或槽是搭压板时穿螺栓用的
G 形夹头	夹紧螺杆 弓架	用于夹持、固定工件

续表

种　　类	图　　示	功　用　说　明
楔铁	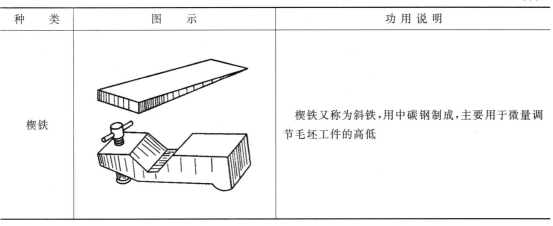	楔铁又称为斜铁,用中碳钢制成,主要用于微量调节毛坯工件的高低

2. 划线工具的使用

1)划针的使用

划线时,划针尖端要紧贴导向工具移动,上部向外侧倾斜15°～20°,向划线方向倾斜45°～75°,如图2-10所示。

提示　划针的针尖要用油石修磨并淬火,如图2-11所示,以保持针尖锋利。同时,划针表面要用棉纱擦干净。

2)划规的使用

划规在划线中主要用来划圆和圆弧、等分线段和角度、量取尺寸等。划规的使用如图2-12所示。

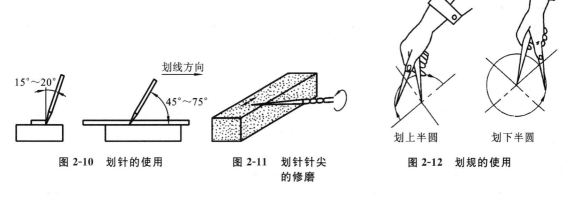

图2-10　划针的使用　　　　图2-11　划针针尖　　　　图2-12　划规的使用
的修磨

3)划线盘的使用

普通式划线盘的尖头用来划线,弯头用于工件的找正。划线时,划针应尽量处于水平位置,不要倾斜太大角度,如图2-13(a)所示。调节式划线盘用于工件的找正,如图2-13(b)所示。

提示　划线盘使用完后,应使划针的尖端垂直向下,以防伤人,同时减少所占的空间位置。

4)样冲的使用

使用样冲在划出的线上打样冲眼的方法如下。

(1)将样冲外倾,使其尖端对准所划线的正中,如图2-14(a)所示。

(2)立直样冲,打样冲眼,如图2-14(b)所示。

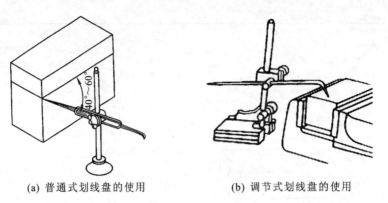

(a) 普通式划线盘的使用　　　　(b) 调节式划线盘的使用

图 2-13　划线盘的使用

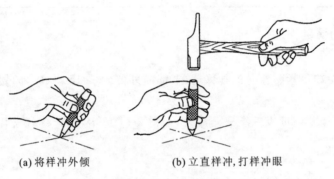

(a) 将样冲外倾　　　　　(b) 立直样冲,打样冲眼

图 2-14　样冲的使用

二、划线

1. 划线基准的选择

在划线时需要选择工件上的某点、线、面作为依据,以确定工件各部分的尺寸、几何形状及工件上各要素的相对位置,此依据称为划线基准。在零件图上,用来确定其他点、线、面位置的基准称为设计基准。

划线应从选择划线基准开始。选择划线基准的基本原则是尽可能使划线基准和设计基准重合。这样能够直接量取划线尺寸,简化尺寸换算过程。常见的划线基准一般有三种类型,如表 2-2 所示。

表 2-2　常见的划线基准

类　型	示　例	说　明
以两个(或条)互相垂直的平面(或直线)为基准	基准	划线前先在工件上加工出两个(或条)互相垂直的平面(或边),划线时以它们为基准,划出其余各线

续表

类　　型	示　　例	说　　明
以两条互相垂直的中心线为基准	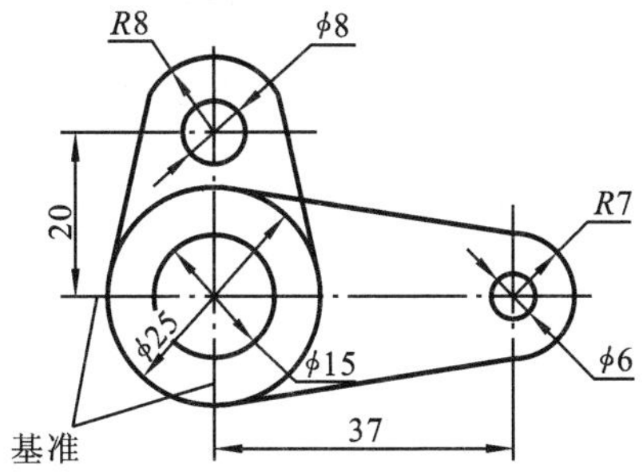 $R8$　$\phi8$　$R7$　$\phi2.5$　$\phi15$　$\phi6$　20　37　基准	划线前先在工件上划出两条互相垂直的中心线作为基准,然后根据基准划出其余各线
以互相垂直的一个平面和一条中心线为基准	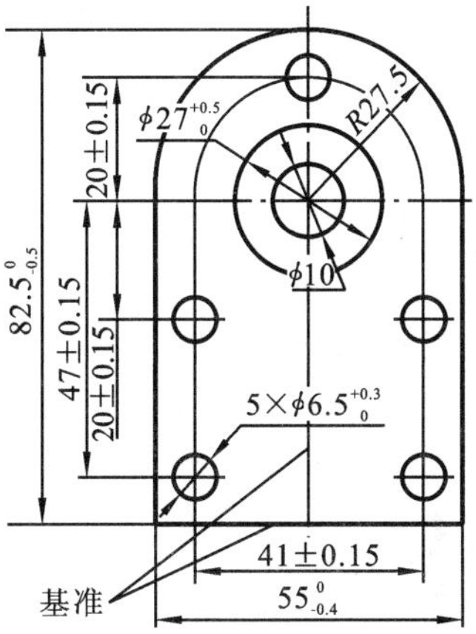 $\phi27^{+0.5}_{0}$　$R27.5$　$\phi10$　20 ± 0.15　$82.5^{0}_{-0.5}$　47 ± 0.15　20 ± 0.15　$5\times\phi6.5^{+0.3}_{0}$　41 ± 0.15　$55^{0}_{-0.4}$　基准	划线前根据工件上已加工的面划出中心线作为基准,然后根据基准划出其余各线

2．划线的基本操作

1）用钢直尺划线

用钢直尺划线时,用左手食指和拇指紧握钢直尺,同时紧紧靠着基准边,用划针沿着钢直尺的零边划出一段线条,如图 2-15 所示。若工件的一端有可靠边,则可将钢直尺的零边抵住可靠边,在需要划线处,划出很短的线条,然后用钢直尺将划出的短线连接起来,如图 2-16 所示。

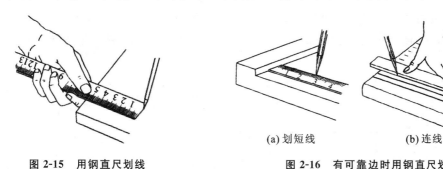

图 2-15　用钢直尺划线

(a) 划短线　(b) 连线　钢直尺

图 2-16　有可靠边时用钢直尺划线

2）用 90°角尺划线

用 90°角尺划直线的操作方法与步骤如下。

(1) 选择划线基准。根据划线情况选择划线基准,使角尺边紧紧靠住基准面,如图 2-17 所示。

(2) 划线。左手紧紧按住钢直尺,从下向上划线。

提示 在划精度要求不高的垂直线时可用90°角尺的一边对准已划好的线,沿90°角尺的另一边划垂直线,如图2-18所示。若要划多条平行的垂直线,可用两个平行夹头将对准已划好的线的钢直尺夹紧固定,然后将90°角尺紧靠在钢直尺上,依照工件要求划出垂直线,如图2-19所示。

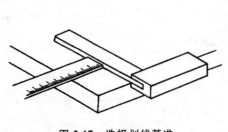

图 2-17 选择划线基准

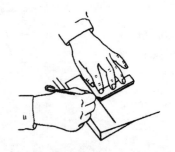

图 2-18 划精度要求不高的垂直线

3)用划规划圆弧

划圆弧前要先划出中心线,确定中心点,并在中心点上打样冲眼,再用划规按图样所要求的半径划出圆弧,如图2-20所示。

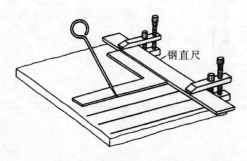

钢直尺

图 2-19 用90°角尺和钢直尺配合划线

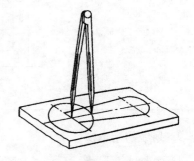

图 2-20 用划规划圆弧

三、目标工件的划线操作

先将板料去毛刺、倒角,然后用砂布打磨表面,并在表面涂色,再将板料放到划线平台上的合适位置,使板料在划线平台上保持平稳,接下来进行划线操作。目标工件的划线操作如表2-3所示。

表 2-3 目标工件的划线操作

步 骤	图 示	操 作 说 明
选定基准	基准线 228 20 20 240 A ⊥ 0.50 A	先距离板料底边 20 mm 划平行线,再距离板料右边 20 mm 划平行线

步　骤	图　　示	操作说明
确定圆心 O_1、O_2、O_3		距离基准线 65 mm 划平行线得Ⅱ—Ⅱ、Ⅲ—Ⅲ线，交于圆心 O_3，划 84 mm 铅垂线（Ⅰ—Ⅰ）得圆心 O_1，再划 69 mm 水平线得圆心 O_2。确定圆心后一定要打样冲眼
划圆弧		以 O_1 为圆心，以 32 mm 和 52 mm 为半径划圆弧；以 O_2 为圆心，以 19 mm 和 50 mm 为半径划圆弧；以 O_3 为圆心，以 34 mm、52 mm 和 65 mm 为半径划圆弧
划切线		划出三条内弧切线和三条外弧切线
确定圆心 O_4、O_5、O_6		划 35 mm、28 mm、38 mm 水平线得圆心 O_4、O_5、O_6

步　骤	图　示	操 作 说 明
划 R7 圆弧	I 20 O₅ 28 31 R50 R19 O₂ R7 O₄ 35 69 37 R32 O₃ R52 R34 II II R52 O₁ R65 R7 38 22 O₆ 84 I	以 O_1 为圆心,以(32+7) mm 为半径,分别划出上、下两条圆弧,再作 $R19$ 和 $R34$ 圆弧两条开口切线的平行线,距离均为 7 mm,相交于两点得 $R7$ 圆弧圆心。以所得圆心为圆心,以 7 mm 为半径,划出两条圆弧
确定圆心 O_7 和 O_8	I 20 O₅ 28 31 R50 R19 O₂ O₇ 5×φ11 25° R7 O₄ 35 69 37 R32 φ35 O₃ R52 R34 II II R52 O₁ R7 R65 38 22 O₆ O₈ 30° 84 I	通过圆心 O_3,分别沿 25°和 30°划线得圆心 O_7 和 O_8。划出孔 $\phi35$ mm 和孔 $5\times\phi11$ mm 的圆周线
打样冲眼	I 20 O₅ 28 31 R50 R19 O₂ O₇ 5×φ11 25° R7 O₄ 35 69 37 R32 φ35 O₃ R52 R34 II II R52 O₁ R7 R65 38 22 O₆ O₈ 30° 84 I	检查所划线无误后,在划线交点处和按一定间隔在所划线上打上样冲眼

◀ 任务二　錾削操作 ▶

【任务目标】

錾削是指用锤子敲击錾子对金属工件进行切削加工。本任务的目标是掌握常用錾削工具的使用方法并完成图 2-21 所示十字形槽的錾削工作。

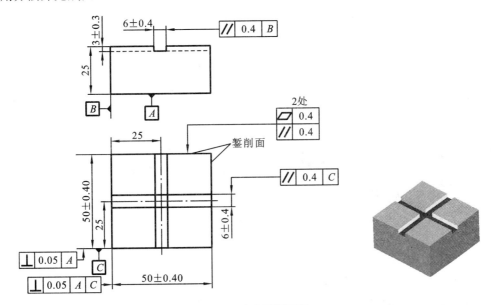

图 2-21　十字形槽图样

【任务相关内容】

一、常用錾削工具

1. 錾子

錾子是錾削用的刀具,一般用工具钢锻打成形后再经过刃磨和热处理而成。錾子主要由切削部分、錾身和錾头三部分组成,如图 2-22 所示。

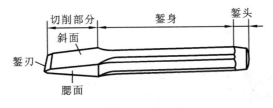

图 2-22　錾子

錾头有一定的锥度,錾头端部略呈球面,如图 2-23(a)所示,以保证锤击时的稳定性。如果錾头端部是平的[见图 2-23(b)],则会造成锤击时錾头与锤子接触不稳,且难以控制錾削方向。

提示　当錾头经锤子不断敲击后,会形成毛刺,如图 2-23(c)所示,必须立即将毛刺磨去,以

 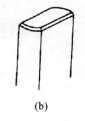 

(a)　　　　　　　(b)　　　　　　　(c)

图 2-23　錾头

免碎裂时飞溅伤人。

1）錾子的种类与用途

錾子可分为扁錾、尖錾、油槽錾三种，其结构特点和用途如表 2-4 所示。

表 2-4　錾子的结构特点和用途

錾子的种类	图　　示	结构特点	用　　途
扁錾		切削部分扁平，錾刃略带圆弧	用于去除凸缘、毛边和分割材料
尖錾		切削部分的两个侧面从錾刃向柄部逐渐变窄	用于錾槽和分割曲线形板料
油槽錾		錾刃呈圆弧形或菱形，切削部分常做成弯曲形状	用于錾削润滑油槽

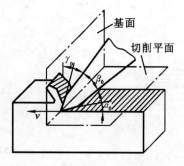

图 2-24　錾子錾削时的几何角度

2）錾子錾削时的几何角度

錾子錾削时的几何角度如图 2-24 所示。它的主要角度有三个：楔角、后角和前角。

（1）楔角。

楔角是前刀面与后刀面之间的夹角，用符号 β_0 表示。錾削工具钢等硬材料时，β_0 取 $60°\sim70°$；錾削中等硬度的材料时，β_0 取 $50°\sim60°$；錾削铜、铝、锡等软材料时，β_0 取 $30°\sim45°$。

（2）后角。

后角是后刀面与切削平面之间的夹角，用符号 α_0 表示。其大小由錾子被手握的位置决定,一般取 $5° \sim 8°$。后角太大,会使錾子切入太深;后角太小,会使錾子容易滑出而无法錾削。

(3)前角。

前角是前刀面与基面之间的夹角,用符号 γ_0 表示。其作用是减少錾削时的切屑变形,并使錾削轻快、省力。前角可用下列公式来计算:

$$\gamma_0 = 90° - (\beta_0 + \alpha_0)$$

2. 锤子

锤子是錾削工作中重要的工具,其规格用锤体重量来表示,有 0.25 kg、0.5 kg 和 1 kg 等几种。锤子如图 2-25 所示。

锤子的柄部用较坚固的木材做成。木柄安装在锤头孔中时必须牢固、可靠,以防止锤头脱落造成事故。因此装木柄的孔应做成椭圆形,将木柄敲紧后,再在端部安装楔子,让木柄不能松动,如图 2-26 所示。

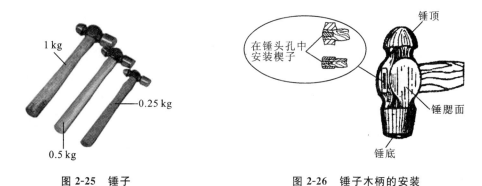

图 2-25　锤子

图 2-26　锤子木柄的安装

二、錾子的刃磨与热处理

1. 錾子的刃磨

錾子刃磨时,其几何形状和角度应根据加工材料的性质来决定,同时,其楔角的大小应根据工件材料的软硬来决定。

錾子刃磨时采用平行氧化铝砂轮,磨削时,要注意砂轮机上托板与砂轮间的距离不能过大,以防止錾子被砂轮带入,夹在砂轮与托板之间,引起砂轮爆裂,造成安全事故,如图 2-27 所示。

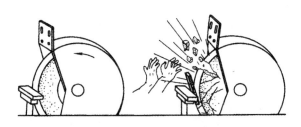

图 2-27　托板与砂轮间的距离不能过大

錾子刃磨的操作过程如表 2-5 所示。

表 2-5　錾子刃磨的操作过程

步　骤	图　示	操作说明
磨斜面		两手一前一后,前端用右手的大拇指和食指捏住,其他三个手指自然弯曲,小拇指下部支撑在固定的托板上,左手轻轻捏住錾身,刃磨两个斜面
磨腮面		以同样的姿势捏住錾子,刃磨两个腮面,注意控制錾刃宽度
磨錾刃		两手握住錾子,在砂轮的外缘上刃磨錾刃,两手要同时左右移动
检查		刃磨过程中,应注意用角度样板检测楔角,以保证使用要求

2. 錾子的热处理

錾子的热处理包括淬火和回火两个步骤,其目的是使錾子的切削部分具有较高的硬度和一定的韧性。

1）淬火

錾子淬火的操作步骤如下。

（1）加热。将錾子的切削部分加热至 760 ℃左右（即加热至錾子呈樱红色），如图 2-28（a）所示。

（2）冷却。用夹钳夹持錾子,迅速将其垂直浸入水中进行冷却（浸入深度为 5～6 mm）,如图 2-28（b）所示。

(a) 加热 (b) 冷却

图 2-28 錾子的淬火

2）回火

錾子的回火是利用本身的余热进行的。錾子回火的操作步骤如下。

（1）去氧化皮。待錾子露出水面的部分呈黑色后,将錾子从水中取出,并用抹布迅速擦去錾子切削部分的氧化皮,如图 2-29 所示。

（2）再冷却。观察錾子刃部的颜色变化,刚从水中取出时呈白色,由于刃部温度逐渐升高,其颜色变化为白色→黄色→紫红色→暗蓝色→浅蓝色。当錾子刃部呈紫红色与暗蓝色之间（尖錾刃部呈黄褐色与红色之间）时,将錾子再次放入水中冷却,如图 2-30 所示。

图 2-29 去氧化皮 图 2-30 再冷却

三、錾削的基本操作

1. 錾子的握法

錾子主要用左手的中指、无名指和小拇指握住,食指和大拇指自然地接触錾子。錾子的握法有正握法和反握法两种,如表 2-6 所示。

表 2-6 錾子的握法

握 法	图 示	说 明
正握法		左手手心向下,大拇指和食指夹住錾子,錾子头部伸出 10～15 mm,其余三个手指向手心弯曲握住錾子
反握法		左手手心向上,大拇指放在錾子侧面略偏上,其余四个手指向手心弯曲握住錾子

2. 锤子的握法和挥锤的方法

锤子用右手握住,采用五个手指满握的方法,大拇指轻轻地压在食指上,虎口对准锤子方向,木柄尾端露出 15～30 mm,如图 2-31 所示。锤子的握法有紧握法和松握法两种,如表 2-7 所示。

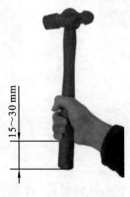

图 2-31 握锤的位置

表 2-7　锤子的握法

握　法	图　示	说　明
紧握法	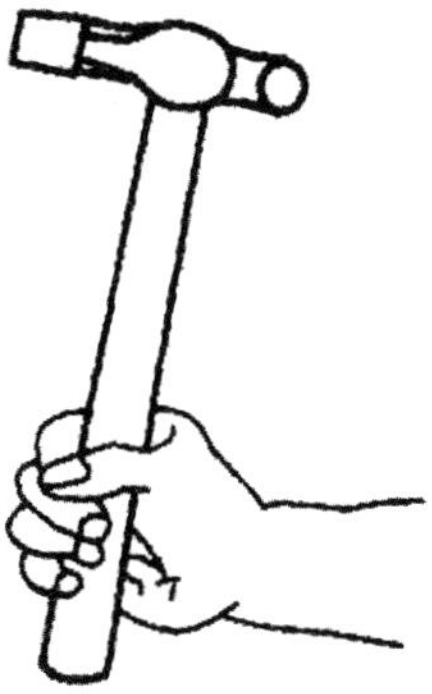	用右手的五个手指紧握锤柄,大拇指压在食指上,在挥锤和锤击的过程中,五个手指始终紧握锤柄
松握法	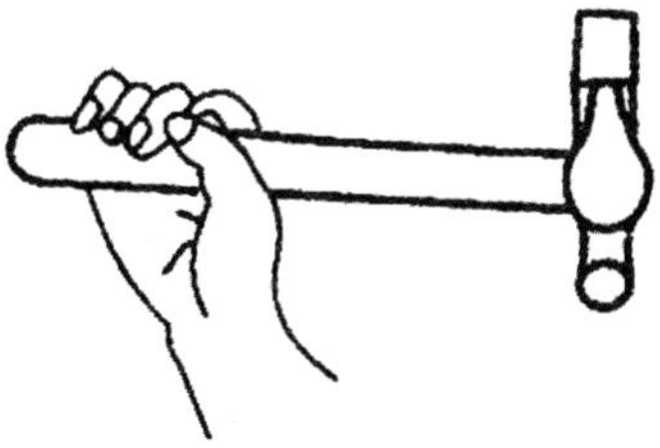	只有大拇指和食指始终紧握锤柄。在挥锤时,小拇指、无名指、中指依次放松;在锤击时,又以相反的顺序握紧

挥锤的方法有腕挥、肘挥和臂挥三种,如表 2-8 所示。

表 2-8　挥锤的方法

方　法	图　示	说　明
腕挥	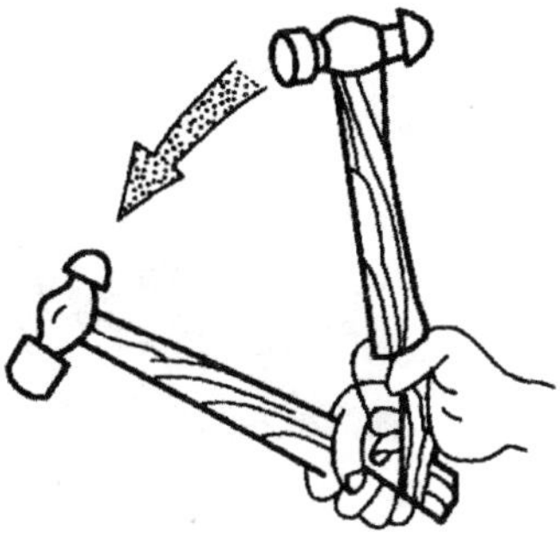	用手腕挥锤。这种挥锤法锤击力较小,一般用于錾削开始和结束
肘挥		用手腕和肘一起挥锤。这种挥锤法锤击力较大,应用最为广泛

方　法	图　示	说　明
臂挥	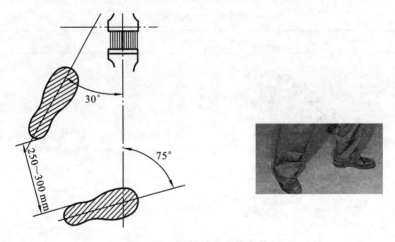	用手腕、肘和手臂一起挥锤。这种挥锤法锤击力最大,用于需要很大力气的錾削场合

3. 錾削时站立的姿势

錾削时通常左脚向前半步,右脚在后,两脚之间的距离为 250～300 mm,重心位于左脚上,稳定地站在台虎钳的旁边。腿不要过分用力,左膝稍微弯曲,右腿站稳伸直,两脚站成 V 形。头部不要后仰,应面向工件,目视錾子刃部,如图 2-32 所示。

图 2-32　錾削时站立的姿势

4. 錾削的操作步骤

錾削分三个步骤,即起錾、正常錾削和结束錾削。

1)起錾

起錾时,錾子尽可能向右倾斜 45°左右,从工件边缘尖角处开始,使錾子从尖角处向下倾斜约 30°,轻击錾子,切入工件,如图 2-33 所示。

另外,还有一种起錾的方法,称为正面起錾,即起錾时使全部刃口贴住工件錾削部位的端面,錾出一个斜面(3°～5°),如图 2-34 所示,然后按正常角度錾削。这样起錾可避免弹跳和打滑,且便于掌握加工余量。

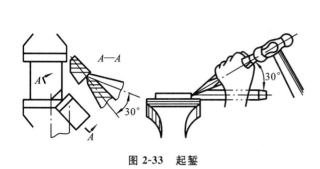

图 2-33 起錾

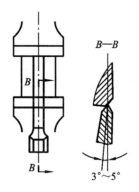

图 2-34 正面起錾

2）正常錾削

起錾完成后就可进行正常錾削了。当錾削层较厚时，要使得后角 α_0 小一些；当錾削层较薄时，要使得后角 α_0 大一些，如图 2-35 所示。

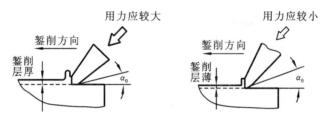

图 2-35 正常錾削

3）结束錾削

当錾削到工件尽头时，要防止工件材料边缘崩裂，脆性材料尤其要注意。因此，錾削到距离工件尽头 10 mm 左右时，必须掉头錾去其余部分，如图 2-36 所示。

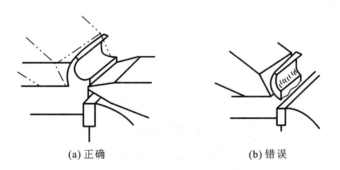

(a) 正确　　　　　　　　　　(b) 错误

图 2-36 结束錾削

5. 各种材料的錾削方法

1）板材的錾削

板材的錾削分为薄板材、较大板材和复杂板材三种情况，如表 2-9 所示。

表 2-9　板材的錾削

板材类型	图　示	操作说明
薄板材		工件的切断处与钳口保持平齐,用扁錾沿钳口(约 45°)斜对板面自右往左进行錾削
较大板材		錾削尺寸较大的板材时,可在砧铁或旧平板上进行,板材下面需要垫上废软材料,以免损伤刃口
复杂板材		錾削较为复杂的板材时,一般是先按轮廓线钻出密集的孔,再用尖錾、扁錾逐步进行錾削

2）平面的錾削

錾削较窄的平面时,錾子的刃口要与錾削方向保持一定角度,如图 2-37 所示。錾削大平面时,可先用尖錾间隔开槽(槽深一致),然后用扁錾錾去剩余部分,如图 2-38 所示。

图 2-37　錾削较窄的平面

(a) 开槽

(b) 錾去剩余部分

图 2-38　錾削大平面

3）键槽的錾削

对于带圆弧的键槽，应先在键槽两端钻出与槽宽相同的两个盲孔，再用尖錾錾削，如图 2-39 所示。

4）油槽的錾削

油槽分为平面油槽和曲面油槽两种，其作用是向运动机件的接触部位输送存储的润滑油。油槽的錾削如表 2-10 所示。

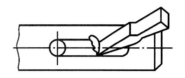

图 2-39　键槽的錾削

表 2-10　油槽的錾削

步　骤	图　示	操　作　说　明
划线		在工件上按要求划好油槽錾削加工线
錾削		缓慢起錾，逐渐加深至尺寸要求，錾到尽头时必须保证槽底圆滑过渡
去毛刺		錾好后，用锉刀修去槽边毛刺

四、目标工件的錾削操作

十字形槽的錾削操作如表 2-11 所示。

表 2-11　十字形槽的錾削操作

步　骤	图　示	操作说明
划线		在坯料上按图样尺寸要求划出錾削加工线
装夹	10 mm	将坯料按划线位置装夹在台虎钳上,并找正,使中间槽底划线高出钳口 10 mm 左右
錾第一个槽		采用正面起錾的方法錾出一个斜面,然后按正常錾削錾出第一个槽

续表

步 骤	图 示	操 作 说 明
掉头錾第一个槽	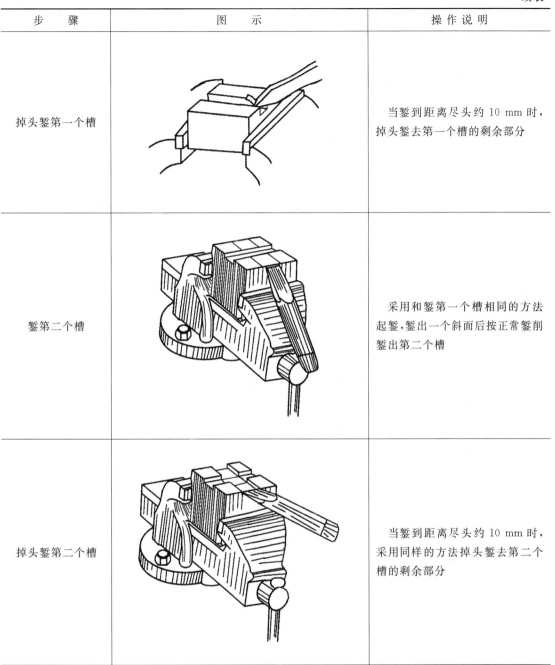	当錾到距离尽头约 10 mm 时,掉头錾去第一个槽的剩余部分
錾第二个槽		采用和錾第一个槽相同的方法起錾,錾出一个斜面后按正常錾削錾出第二个槽
掉头錾第二个槽		当錾到距离尽头约 10 mm 时,采用同样的方法掉头錾去第二个槽的剩余部分

◀ 任务三 锯削操作 ▶

【任务目标】

用手锯对材料或工件进行切断或切槽等的加工方法叫锯削。本任务的目标是完成图 2-40 所示 V 形块的锯削工作,进一步掌握锯削的基本操作。

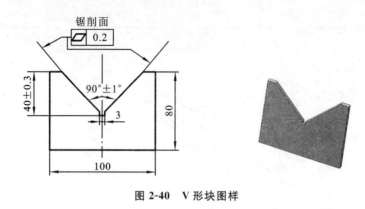

图 2-40　V 形块图样

【任务相关内容】

一、常用锯削工具

1. 锯弓

锯弓是用来安装锯条的,可分为固定式和可调式两种,如图 2-41 所示。前者只能安装固定长度的锯条;后者的长度可调,能安装不同长度的锯条。

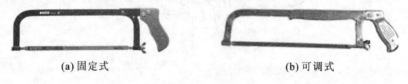

(a) 固定式　　　　　　　　　　　　　　(b) 可调式

图 2-41　锯弓

2. 锯条

手用锯条一般是 300 mm 长的单面齿锯条,其宽度为 12~13 mm,厚度为 0.6 mm。锯条如图 2-42 所示。锯条用碳素工具钢或合金钢制成,并经热处理淬硬。

锯削时,锯入工件的锯条会受到锯缝两边的摩擦阻力,锯入越深,摩擦阻力就越大,甚至会将锯条"咬住",因此制造时会将锯条上的锯齿按一定规律左右错开排成一定的形状,即锯路,如图 2-43 所示。

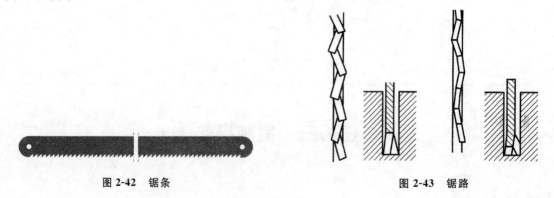

图 2-42　锯条

图 2-43　锯路

锯齿的粗细可以用锯条上每 25 mm 长度内的齿数来表示,14~18 齿为粗齿,24 齿为中齿,32 齿为细齿。锯齿的粗细也可以按齿距(t)的大小分为粗齿($t=1.6$ mm)、中齿($t=1.2$ mm)、细齿($t=0.8$ mm)三种,如图 2-44 所示。

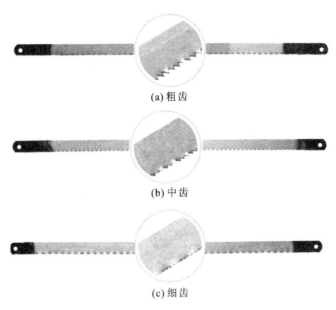

(a) 粗齿

(b) 中齿

(c) 细齿

图 2-44 锯齿的粗细

二、锯削工具的使用

1. 锯弓的握法

锯削时锯弓的握法是:右手满握锯柄,左手轻扶锯弓前端,如图 2-45 所示。

图 2-45 锯弓的握法

2. 锯条的选择与安装

1) 锯条的选择

锯齿的粗细应与工件材料的软硬以及厚薄相适应。一般情况下,锯削软材料或断面较大的材料时选用粗齿锯条;锯削硬材料或薄材料时选用细齿锯条。锯条的选用可参考表 2-12。

表 2-12 锯条的选用

材料的种类	每分钟来回次数/次	锯齿的粗细	每 25 mm 长度内的齿数
轻金属、紫铜和其他软材料	80~90	粗齿	14~18
强度在 5.88×10^3 Pa 以下的钢	60	中齿	24
强度超过 5.88×10^3 Pa 的钢	30	细齿	32
工具钢	40	细齿	32

续表

材料的种类	每分钟来回次数/次	锯齿的粗细	每 25 mm 长度内的齿数
中等壁厚的管子	50	中齿	24
薄壁管子	40	细齿	32

2）锯条的安装

手锯在前推时才能起到切削的作用，因而在安装锯条时应使其齿尖向前，如图 2-46 所示。

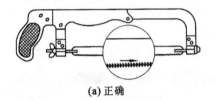 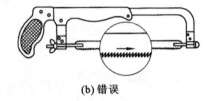

(a) 正确　　　　　　　　　　　　　　　　　(b) 错误

图 2-46　锯条的安装

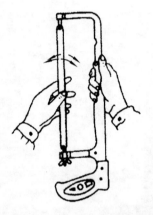

图 2-47　锯条松紧的检查

提示　在调节锯条松紧时，蝶形螺母不宜太紧，否则会折断锯条；也不宜太松，否则锯条容易扭曲，锯缝容易歪斜。锯条松紧的检查方法是：用手扳动锯条，锯条轻微转动但不晃动，此时较为合适，如图 2-47 所示。

三、锯削的方法

1. 起锯

起锯是锯削工作的开始，起锯的好坏直接影响锯削质量。起锯的方式有远起锯和近起锯两种，如图 2-48 所示。一般采用远起锯，因为采用远起锯时，锯齿是逐渐切入工件的，锯齿不易卡住，起锯也较方便。

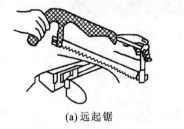 

(a) 远起锯　　　　　　　　　　　　　　(b) 近起锯

图 2-48　起锯的方式

起锯时，起锯角以 15° 左右为宜，如图 2-49 所示。为了使起锯的位置正确和平稳，要用左手拇指挡住锯条来定位，使锯条正确地锯在所需的位置上，如图 2-50 所示。当起锯锯至槽深 2～3 mm 时，左手拇指即可离开锯条，往下正常锯削。

2. 推锯

推锯时，用力要均匀，左手扶锯，右手推动锯子向前运动，上身倾斜跟随锯子一起向前运动，右腿伸直向前倾，操作者的重心在左侧，左膝弯曲，锯子锯至 3/4 锯子长度时，上身停止向前运动，但两臂继续将锯子推到头，如图 2-51 所示。

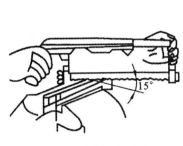
图 2-49 起锯角的大小

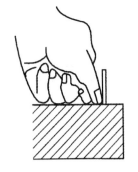
图 2-50 用左手拇指挡住锯条

3. 回锯

推锯到头后,左手要将锯弓略微抬起,右手向后拉动锯子,身体逐渐回到原来的位置,如图 2-52 所示。

图 2-51 推锯

图 2-52 回锯

4. 各种材料的锯削

1)棒料的锯削

当锯削的断面要求平整时,应从开始连续锯至结束,将棒料一次锯断。当锯出的断面要求不高时,可从几个方向进行锯削,最后一次锯断,这样可以提高工作效率。棒料的锯削如图 2-53 所示。

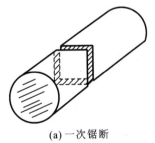
(a)一次锯断

(b)从几个方向进行锯削

图 2-53 棒料的锯削

2)管子的锯削

锯削前先将管子用 V 形木垫夹住,再安装到台虎钳上,如图 2-54 所示。管子不能夹得太紧,以免使管子变形。锯削管子时,不可从一个方向锯至结束,而应当在锯到近管子的内壁时,将管子转动一个角度再进行锯削,如图 2-55 所示。

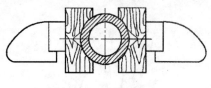

图 2-54 管子的装夹

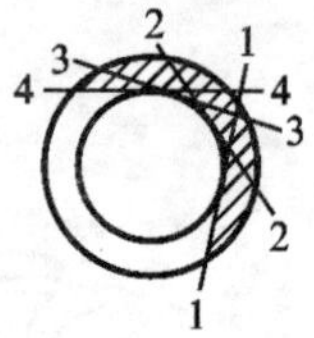

图 2-55 从多个方向锯削管子

3）薄板材的锯削

锯削薄板材时，尽可能从宽面锯下去。如果只能从窄面锯削时，应用两块木板夹持薄板材，连同木板一起锯下，如图 2-56 所示。

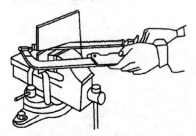
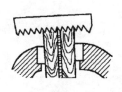

图 2-56 薄板材的锯削

4）深缝的锯削

当锯缝的深度超过锯弓的高度时，可在初锯后将锯条转过 90°安装后再进行锯削，如图 2-57 所示。

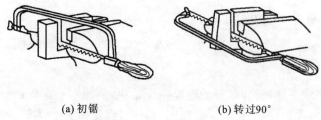

(a) 初锯　　　　　　　　　　(b) 转过 90°

图 2-57 深缝的锯削

四、目标工件的锯削操作

V 形块的锯削操作如表 2-13 所示。

表 2-13 V 形块的锯削操作

步　骤	图　示	操作说明
锯削第一面	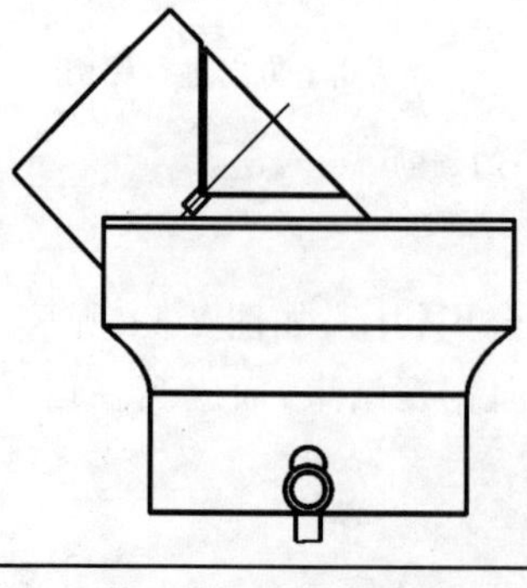	先按图样尺寸在工件上划出锯削加工线，再将工件装夹于台虎钳左端，控制其露出钳口的高度，并使锯削加工线处于铅垂位置，采用细齿锯条锯削第一面

步　骤	图　　示	操 作 说 明
锯削第二面	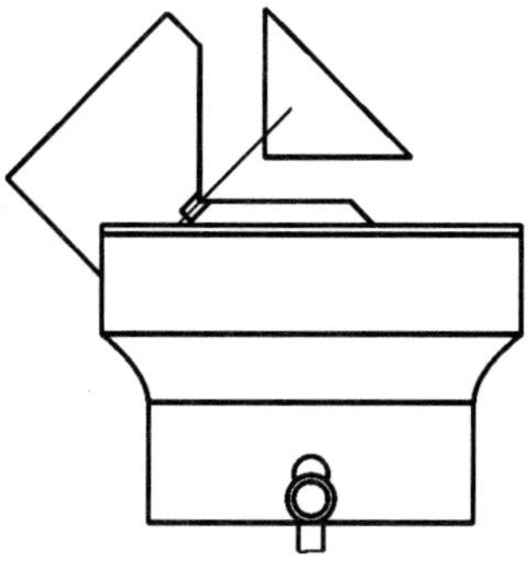	将工件翻转 180°,采用同样的方法进行装夹,锯削第二面
检测	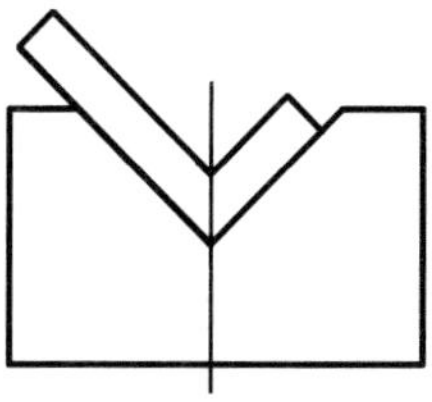	用锉刀倒棱,用 90°角尺检测两个锯削面的垂直度误差,并用游标卡尺检测锯削尺寸
锯削直槽	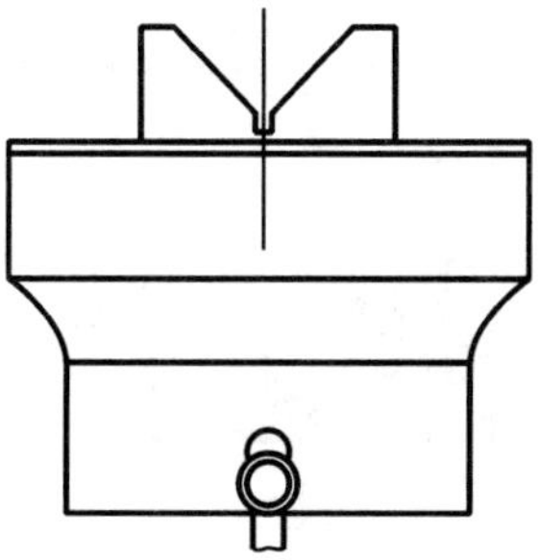	将工件正常装夹于台虎钳上(保证两个斜面的中心线垂直于台虎钳),以近起锯的方式轻锯中间直槽至尺寸要求

◀ **任务四　锉削操作** ▶

【任务目标】

　　锉削是指用锉刀对工件表面进行切削加工,使其尺寸、形状和表面粗糙度等达到要求。本任务的目标是完成图 2-58 所示六方体的锉削工作。

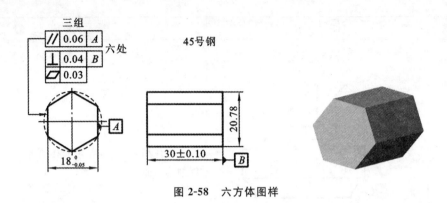

图 2-58　六方体图样

【任务相关内容】

一、锉刀的结构与选用

1. 锉刀的结构

锉刀用碳素工具钢制成,经热处理后其切削部分的硬度可达 62～72 HRC。锉刀由锉身和锉柄两部分组成,如图 2-59 所示。

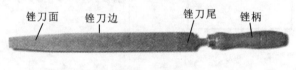

图 2-59　锉刀

锉刀的锉齿纹路(也就是齿纹)有单齿纹和双齿纹两种,如图 2-60 所示。单齿纹是指锉刀上只有一个方向排列的齿纹,其强度较低,锉削时较为费力,适合于锉削软材料;双齿纹是指锉刀上有两个方向排列的齿纹,其强度较高,锉削时较为省力,适合于锉削硬材料。

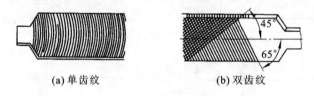

(a) 单齿纹　　　　　　　　　(b) 双齿纹

图 2-60　锉刀的齿纹

2. 锉刀的种类

锉刀可分为钳工锉、整形锉和异形锉三类,钳工常用的是钳工锉。

1) 钳工锉

钳工锉按其断面形状的不同分为齐头扁锉、尖头扁锉、方锉、半圆锉、圆锉和三角锉六种,如图 2-61 所示。

2) 整形锉

整形锉用于修整工件上细小的部分,一般由 5 把、8 把、10 把或 12 把不同断面形状的锉刀组成一组,如图 2-62 所示。

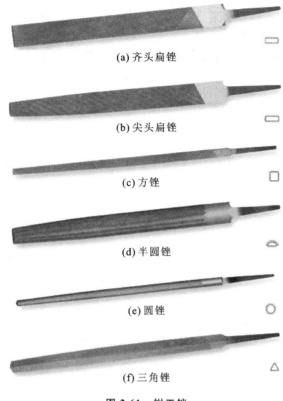

(a) 齐头扁锉

(b) 尖头扁锉

(c) 方锉

(d) 半圆锉

(e) 圆锉

(f) 三角锉

图 2-61 钳工锉

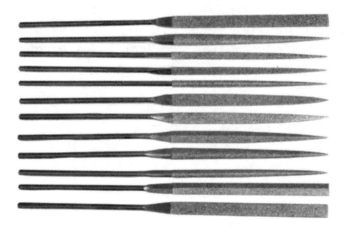

图 2-62 整形锉

3）异形锉

异形锉是用来加工零件特殊表面的，有弯头和直头两种，如图 2-63 所示。

3. 锉刀的编号

锉刀的编号示例如表 2-14 所示。

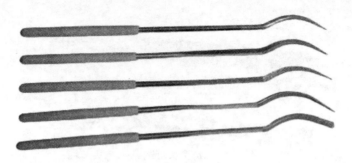

图 2-63　异形锉

表 2-14　锉刀的编号示例

锉刀的编号	锉刀的类型、规格
Q-02-200-3	钳工锉类的尖头扁锉 200 mm 3 号锉纹
Z-04-140-00	整形锉类的三角锉 140 mm 00 号锉纹
Y-01-170-2	异形锉类的齐头扁锉 170 mm 2 号锉纹
Q-03-250-1	钳工锉类的半圆锉 250 mm 1 号锉纹

4. 锉刀的选用

1）锉齿粗细的选择

锉齿的粗细要根据被加工工件的加工余量、加工精度、材料性质来选择。粗齿锉刀适用于加工加工余量大、尺寸精度低、形位公差大、表面粗糙度大、材料软的工件；反之，则选择细齿锉刀。各种锉刀能达到的加工精度如表 2-15 所示，使用时，要根据工件的加工余量、尺寸精度和表面粗糙度来选择。

表 2-15　各种锉刀能达到的加工精度

锉刀种类	加工余量/mm	尺寸精度/mm	表面粗糙度/μm
粗齿锉刀	0.5～1	0.2～0.5	25～100
中齿锉刀	0.2～0.5	0.05～0.2	6.3～12.5
细齿锉刀	0.05～0.2	0.01～0.05	3.2～12.5

2）锉刀尺寸规格的选用

锉刀尺寸规格应根据被加工工件的尺寸和加工余量来选用，尺寸大、加工余量大时，要选用大尺寸规格的锉刀，反之，则要选用小尺寸规格的锉刀。

3）锉刀齿纹的选用

锉刀齿纹要根据被锉削工件材料的性质来选用。锉削铝、铜、软钢等软材料工件时，最好选用单齿纹锉刀（或者选用粗齿锉刀）。单齿纹锉刀前角大，楔角小，容屑槽大，切屑不易堵塞，切削刃锋利，容易锉削。锉削硬材料工件或精加工工件时，要选用双齿纹锉刀（或者选用细齿锉刀）。双齿纹锉刀的每个齿交错不重叠，锉痕均匀、细密，锉削的表面精度高。

二、锉削的基本操作

1. 锉刀的握法

锉刀握持的方法有很多种,锉削不同的工件,选用不同的锉刀,其握持的方法也有所不同,但概括起来主要有两种形式,即锉柄的握法和锉身的握法。

1) 锉柄的握法

锉柄的握法主要有拇指压柄法、食指压柄法和抱柄法三种,如表 2-16 所示。

表 2-16　锉柄的握法

方　　法	图　　示	说　　明	应　　用
拇指压柄法		右手拇指向下压住锉柄,其余四指环握锉柄	应用最多
食指压柄法		右手食指前端压住锉身上面,拇指伸直贴住锉柄(或锉身)侧面,其余三指环握锉柄	主要用于整形锉,以及 200 mm 和以下规格的锉刀进行单手锉削
抱柄法		双手拇指并拢向下压住锉柄,双手其余四指抱拳环握锉柄	主要用于整形锉,以及 200 mm 和以下规格的锉刀进行孔、槽的加工

2) 锉身的握法

以扁锉为例,锉身的握法主要有八种,如表 2-17 所示。

表 2-17　锉身的握法

方　　法	图　　示	说　　明	应　　用
前掌压锉法		左手手掌自然伸展,掌面压住锉身前部刀面	一般用于 300 mm 及以上规格的锉刀进行全程锉削
扣锉法		左手拇指压住刀面,食指和中指扣住锉梢端面	应用较多
捏锉法		左手拇指与食指、中指相对捏住锉梢前端	主要用于锉削曲面

续表

方　法	图　示	说　明	应　用
中掌压锉法		左手手掌自然伸展，掌面压住锉身中部刀面	一般用于 300 mm 及以上规格的锉刀进行短程锉削
三指压锉法		左手食指、中指和无名指压住锉身中部刀面	一般用于 250 mm 及以下规格的锉刀进行短程锉削
双指压锉法		左手食指和中指压住锉身中部刀面	一般用于 200 mm 及以下规格的锉刀进行短程锉削
八字压锉法		左手拇指与食指、中指呈八字状压住锉身刀面	一般用于 250 mm 及以下规格的锉刀进行短程锉削
双手横握法		双手拇指与其余四指的指头相对夹住锉身侧刀面	一般用于横推锉削

2. 动作准备

1）手臂姿态

锉削时，对手臂姿态的要求是：以锉刀的纵向中心线为基准，右手握持锉柄时，前臂、上臂基本与锉刀的纵向中心线在一个平面内，并与身体正面大约成 45°角，如图 2-64 所示。在锉削过程中，应始终保持这种姿态。

2）站立姿态

锉削时，对站立姿态的要求是：以锉刀纵向中心线的垂直投影线为基准，两脚跟大约与肩同宽，右脚与锉刀纵向中心线的垂直投影线大约成 75°角，左脚与锉刀纵向中心线的垂直投影线大约成 30°角，如图 2-65 所示。在锉削过程中，应始终保持这种姿态。

3）动作姿态

锉削时，可将一个锉削行程分为锉刀推进行程和锉刀回退行程两个阶段。锉削速度一般为 40 次/分左右，推进行程时稍慢，回退行程时稍快。

为了充分理解锉削动作的姿态特点，将锉刀面分成三等份，据此将锉刀推进行程又分为前

1/3 推进行程、中 1/3 推进行程和后 1/3 推进行程三个细分阶段。各阶段的动作姿态如下。

（1）准备动作。左、右脚按照站立姿态的要领站好，左腿膝关节稍微弯曲，右腿绷直（右腿在整个锉削过程中始终处于绷直状态），身体前倾 10°左右，身体重心分布于左、右腿之间，右肘关节尽量后抬，锉身前部刀面准备接触工件表面，如图 2-66 所示。

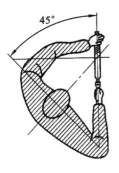
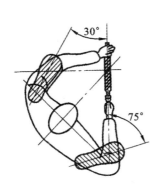

图 2-64　手臂姿态　　　　　图 2-65　站立姿态　　　　　图 2-66　准备动作姿态

（2）前 1/3 推进行程。身体前倾 15°左右，同时带动右臂向前进行前 1/3 推进行程。此时，左腿膝关节仍保持弯曲，身体重心开始移向左腿，左手开始对锉刀施加压力，如图 2-67(a)所示。

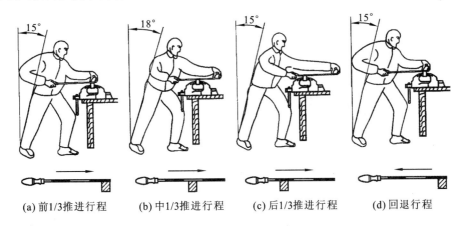

(a) 前1/3推进行程　　(b) 中1/3推进行程　　(c) 后1/3推进行程　　(d) 回退行程

图 2-67　锉削动作姿态

（3）中 1/3 推进行程。身体继续前倾至 18°左右，并继续带动右臂向前进行中 1/3 推进行程。此时，左腿膝关节弯曲到位，身体重心大部分移至左腿，左手施加的压力达到最大，如图 2-67(b)所示。

（4）后 1/3 推进行程。当开始后 1/3 推进行程时，身体停止前倾并开始回退至 15°左右，在身体回退的同时，右臂继续向前进行后 1/3 推进行程。此时，左臂尽量伸展，左手施加的压力逐渐减小，身体重心后移，如图 2-67(c)所示。

（5）回退行程。后 1/3 推进行程完成后，左、右臂可稍微停顿一下，然后将锉刀稍微抬起一点，回退至前 1/3 推进行程开始阶段，也可以使锉刀贴着工件表面（左手对锉刀不施加压力）回退，如图 2-67(d)所示。至此，一个锉削行程全部完成。

3. 锉削的方法

1）锉削平面的方法

锉削平面的基本方法如表 2-18 所示。

表 2-18　锉削平面的基本方法

方　法	图　示	操作说明	应　用
顺向锉法	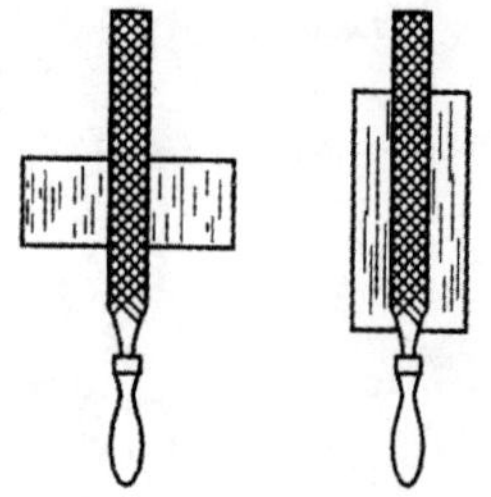	锉刀的运动方向始终保持一致。纹路较整齐、清晰,比较美观	适用于小平面的锉削
交叉锉法	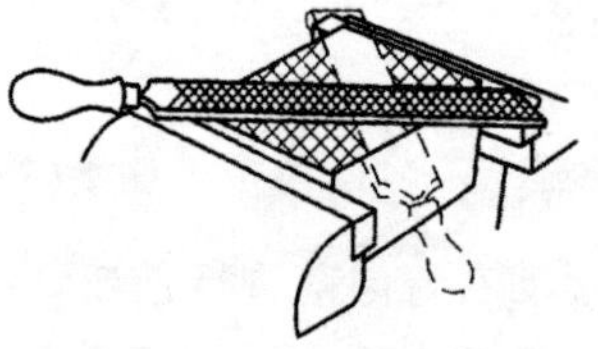	锉刀的运动方向为交叉、交替的两个不同方向,故纹路呈交叉状。锉削平面的平面度较高,但表面质量较差,纹路不如顺向锉法美观	适用于锉削余量大的平面的粗锉
推锉法	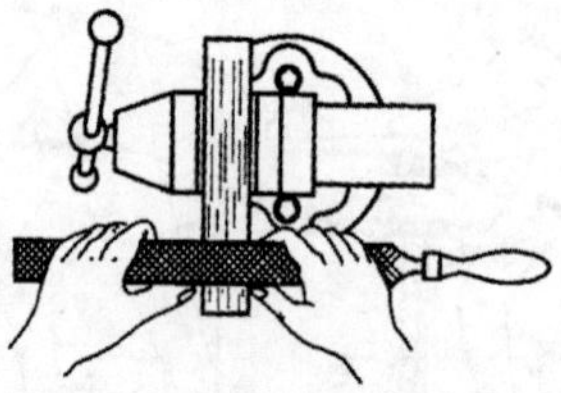	两手横握锉刀往复锉削。由于推锉时锉刀的平衡易于掌握,因而能获得平整的平面	常用于狭长小平面的加工
全程锉法	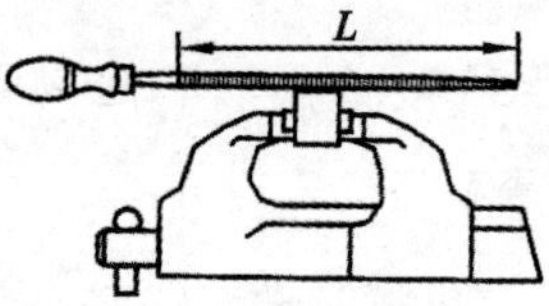	在推进锉刀时,其行程的长度与刀面长度相等	一般用于粗锉和半精锉
短程锉法	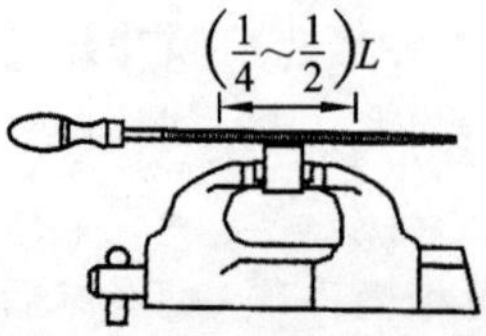	在推进锉刀时,其行程的长度只有刀面长度的 $1/4 \sim 1/2$,甚至更短	一般用于半精锉和精锉

2）锉削曲面的方法

（1）锉削外圆弧面的方法。

当锉削余量大时,应先粗锉后精锉,即先用顺向锉法横对着外圆弧面进行锉削,按弧线锉成多边形,再精锉外圆弧面。精锉外圆弧面的方法主要有两种,如表 2-19 所示。

表 2-19 精锉外圆弧面的方法

方　法	图　示	说　明
轴向滑动锉法		锉削时,锉刀在沿外圆弧面平行于外圆弧面的轴线推进时,还沿外圆弧面向右或向左滑动
周向摆动锉法		锉削时,锉刀在沿外圆弧面垂直于外圆弧面的轴线推进时,还沿外圆弧面向下摆动

(2) 锉削内圆弧面的方法。

内圆弧面的锉削通常选用圆锉、半圆锉或方锉(内圆弧半径较大时)来完成。用圆锉或半圆锉粗锉内圆弧面时,锉刀要同时完成三个运动,即与内圆弧面轴线平行的推进运动、锉刀自身的旋转(顺时针或逆时针方向)运动、沿内圆弧面向右或向左的横向滑动,如图 2-68(a)所示。

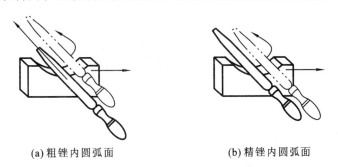

(a) 粗锉内圆弧面　　　　　　　　(b) 精锉内圆弧面

图 2-68 锉削内圆弧面的方法

用圆锉或半圆锉精锉内圆弧面时,采用双手横握法握持锉刀,锉刀要同时完成两个运动,即与内圆弧面轴线垂直的推进运动和锉刀自身的旋转运动,如图 2-68(b)所示。

(3) 锉削球面的方法。

球面的锉削通常选用扁锉来完成。锉刀在完成外圆弧面锉削复合运动的同时,还需要环绕中心摆动。锉削球面的方法如表 2-20 所示。

表 2-20　锉削球面的方法

方　法	图　示	说　明
纵倾横向滑动锉法	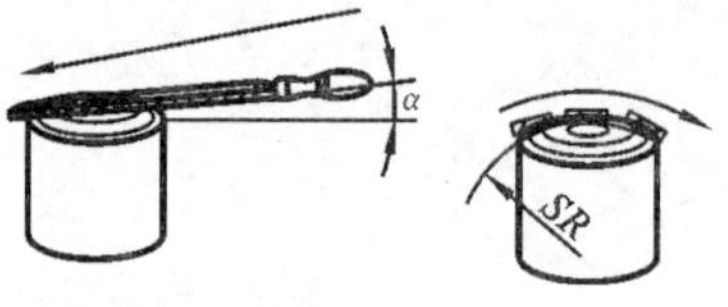	将锉刀摆好,纵向倾斜角度为 α,并在运动中保持平稳,锉刀在作推进运动的同时,还要作自左向右的弧形滑动
侧倾垂直摆动锉法	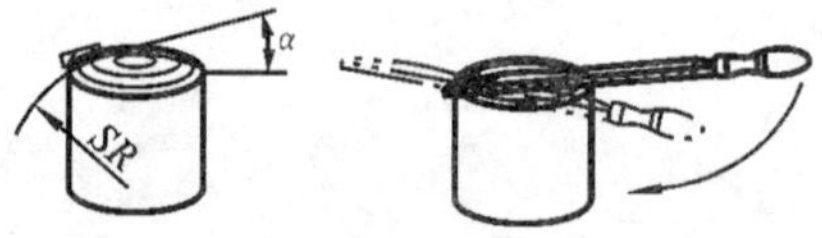	将锉刀摆好,侧倾斜角度为 α,并在运动中保持平稳,锉刀在作推进运动的同时,右手还要垂直下压摆动锉柄

提示　无论是采用纵倾横向滑动锉法,还是采用侧倾垂直摆动锉法,都应把球面分成四个区域进行对称锉削,如图 2-69 所示。

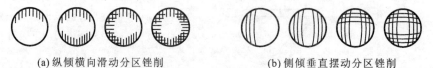

(a) 纵倾横向滑动分区锉削　　　　　　(b) 侧倾垂直摆动分区锉削

图 2-69　分区对称锉削示意图

三、目标工件的锉削操作

六方体的锉削操作如表 2-21 所示。

表 2-21　六方体的锉削操作

步　骤	图　示	操作说明
划线	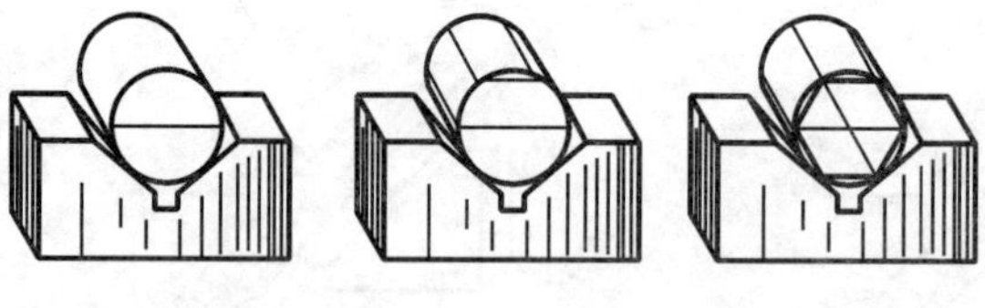	将工件放在 V 形铁上,用高度尺划出锉削加工线,并打样冲眼
装夹	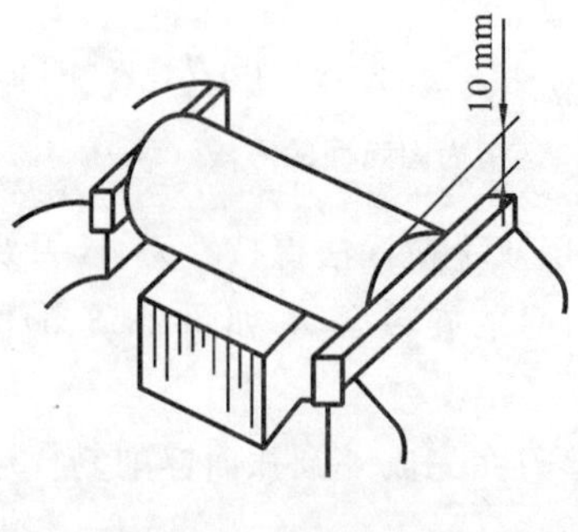	用台虎钳装夹工件,使其高出钳口约 10 mm

步　骤	图　　示	操作说明
锉削第一面		按划线位置粗、精锉第一面,要求平面度误差在 0.03 mm 以内,与圆柱轴线的距离为 $9_{-0.025}^{\ 0}$ mm,B 面的垂直度误差在 0.04 mm 以内
锉削第二面		按划线位置正确装夹工件,以第一面为基准,粗、精锉其相对面,要求平面度误差在 0.03 mm 以内,与第一面的距离为 $18_{-0.05}^{\ 0}$ mm,平行度误差在 0.06 mm 以内
锉削第三面		粗、精锉第三面,要求平面度误差在 0.03 mm 以内,与圆柱轴线的距离为 $9_{-0.025}^{\ 0}$ mm,B 面的垂直度误差在 0.04 mm 以内,与第一面的夹角为 120°
锉削第四面		以第三面为基准,粗、精锉其相对面,要求平面度误差在 0.03 mm 以内,与第三面的距离为 $18_{-0.05}^{\ 0}$ mm,平行度误差在 0.06 mm 以内
锉削第五面		粗、精锉第五面,要求平面度误差在 0.03 mm 以内,与圆柱轴线的距离为 $9_{-0.025}^{\ 0}$ mm,B 面的垂直度误差在 0.04 mm 以内,与相邻两面的夹角均为 120°
锉削第六面		以第五面为基准,粗、精锉其相对面,要求平面度误差在 0.03 mm 以内,与第五面的距离为 $18_{-0.05}^{\ 0}$ mm,平行度误差在 0.06 mm 以内

◀ 任务五　钻孔操作 ▶

【任务目标】

本任务的目标是完成图 2-70 所示工件的钻孔工作,并掌握钻孔所用设备的操作方法。

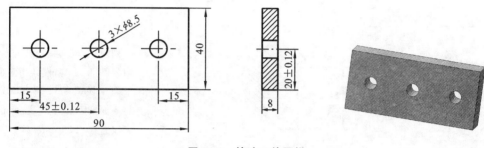

图 2-70　钻孔工件图样

【任务相关内容】

一、钻孔所用的设备

1. 台式钻床

台式钻床简称台钻,如图 2-71 所示。其变速是通过调整安装在电动机和主轴上的一组 V 带轮来实现的,可以获得五种不同的转速。钻孔时,拨动手柄使小齿轮通过主轴套筒上的齿条使主轴上下移动,从而实现进给和退刀。钻孔深度是通过调节标尺杆上的螺母来控制的。主轴与工件之间的距离根据工件的大小来调节,先松开紧固手柄,再摇动升降手柄,使螺母旋转。由于丝杠不转,所以螺母作直线运动,从而带动头架沿立柱升降,使主轴与工件之间的距离得到调节,当头架升降到适当位置时,扳紧紧固手柄。台式钻床转速高,效率高,使用方便、灵活,适合于在小型工件上钻孔。但是,由于台式钻床的最低转速较高,故不适合锪孔和铰孔。

2. 立式钻床

立式钻床简称立钻,如图 2-72 所示。它是钻床中较为普通的一种,有多种型号,最大钻孔直径有 25 mm、35 mm、40 mm、50 mm 等几种。立式钻床主要由底座、工作台、主轴、进给变速箱、主轴变速箱、电动机和立柱等组成。通过操纵手柄,可使进给变速箱沿立柱导轨上下移动,从而调节主轴和工作台之间的距离。摇动工作台手柄,也可使工作台沿立柱导轨上下移动,以适应不同尺寸工件的加工。在钻削大工件时,还可将工作台拆除,将工件直接固定在底座上。立式钻床适合于小批量、单件的中型工件的加工。由于其主轴变速和进给量调整范围较大,所以能进行钻孔、锪孔、铰孔和攻螺纹等操作。

3. 摇臂钻床

摇臂钻床主要由底座、工作台、立柱、主轴变速箱和摇臂等组成,如图 2-73 所示,最大钻孔直径可达 80 mm。钻孔时,根据工件加工需要,摇臂可沿立柱上下升降,也可绕立柱回转 360°。主轴变速箱可沿摇臂导轨在较大范围内移动。在中、小型工件上钻孔时,可将工件固定在工作

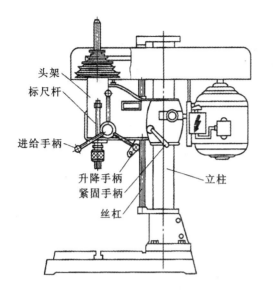

头架
标尺杆
进给手柄
升降手柄
紧固手柄
丝杠
立柱

图 2-71　台式钻床

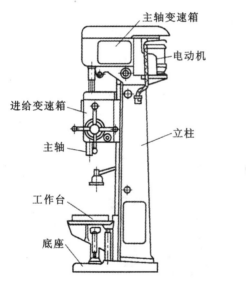

主轴变速箱
电动机
进给变速箱
主轴
立柱
工作台
底座

图 2-72　立式钻床

台上;在大型工件上钻孔时,可将工作台拆除,将工件直接固定在底座上。摇臂钻床加工范围很广泛,可用于钻孔、扩孔、锪孔、铰孔、攻螺纹等。

二、钻孔时工件的装夹

一般情况下,钻直径小于 8 mm 的小孔时,可以直接用手将工件握牢。除此之外,钻孔前应将工件夹紧固定。钻孔时工件的装夹方法如表 2-22 所示。

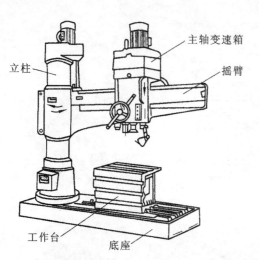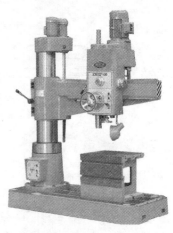

图 2-73 摇臂钻床

表 2-22 钻孔时工件的装夹方法

装 夹 方 法	图 示	说 明
用平口钳装夹		平整的工件可用平口钳装夹,装夹时,应使工件表面与钻头垂直,当钻孔直径大于 8 mm 时,需要将平口钳固定,以减少振动
用 V 形块配压板装夹		对于圆柱形的工件,可用 V 形块装夹并配以压板压紧,同时使钻头的轴线与 V 形块两斜面的对称平面重合
用压板压紧		当工件较大且钻孔直径在 10 mm 以上时,可用压板将工件压紧

装 夹 方 法	图 示	说 明
用直角铁装夹		对于底面不平或加工基准在侧面的工件,可采用直角铁装夹,并且直角铁必须用压板固定在钻床工作台上
用卡盘装夹		在圆柱形端面上钻孔时,可采用卡盘直接装夹
用手虎钳夹持	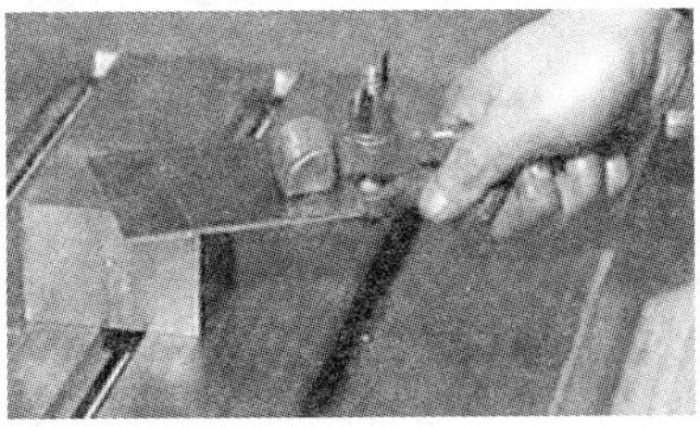	在小型工件上或薄板上钻小孔时,可将工件放在定位块上,用手虎钳夹持

三、钻孔操作

1. 麻花钻的安装和拆卸

1) 直柄麻花钻的安装

对于直柄麻花钻,钻孔时可采用钻夹头安装,如图 2-74 所示。安装时,先将钻夹头松开至适当的开度,然后把麻花钻的柄插入钻夹头的三个卡爪内,再用钻夹头钥匙旋转钻夹头外套,使螺母带动三个卡爪移动,直至夹紧。

2) 锥柄麻花钻的安装

锥柄麻花钻采用过渡套筒安装,安装时,先将过渡套筒擦干净,并将过渡套筒插入钻床主轴锥孔中,再将选好的锥柄麻花钻利用加速冲击力装入过渡套筒中,如图 2-75 所示。

3) 麻花钻的拆卸

钻削完毕后,对于直柄麻花钻,利用钻夹头钥匙向相反的方向旋转钻夹头外套,可取下麻花钻,如图 2-76 所示;对于锥柄麻花钻,将楔铁插入钻床主轴的腰形孔内(使楔铁带圆弧的一边朝上),用锤子敲击楔铁,即可卸下麻花钻,如图 2-77 所示。

图 2-74　直柄麻花钻的安装

图 2-75　锥柄麻花钻的安装

图 2-76　直柄麻花钻的拆卸

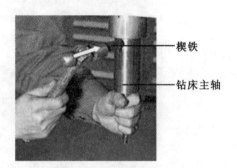

楔铁

钻床主轴

图 2-77　锥柄麻花钻的拆卸

2. 钻削速度的调整

钻孔前需要对钻削速度进行调整,本任务中孔的加工在台钻上即可完成,因此,这里只讲述台钻钻削速度的调整方法。台钻钻削速度的调整方法如表 2-23 所示。

表 2-23　台钻钻削速度的调整方法

步　骤	图　示	操作说明
打开防护罩		关停台钻,双手将台钻顶端的防护罩打开
松开螺钉		用扳手松开电动机固定螺钉

续表

步　　骤	图　　示	操 作 说 明
调松 V 带		逆时针转动手柄,移动电动机,调松 V 带
调整 V 带轮		按钻削所需速度先调整电动机上 V 带轮的位置,再调整主轴上 V 带轮的位置
调紧 V 带		钻削速度调整好后,顺时针转动手柄,移动电动机,调紧 V 带,然后用扳手拧紧电动机固定螺钉
关上防护罩		关上防护罩,进行钻削操作

　　提示　V 带的松紧程度可用大拇指稍用力按压 V 带中部进行检查,其松紧程度以大拇指感觉富有弹性为宜,如图 2-78 所示。

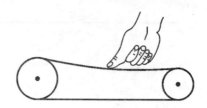

图 2-78 V 带松紧程度的检查

3. 钻孔的方法

1) 钻孔的一般方法

钻孔的一般方法如表 2-24 所示。

表 2-24 钻孔的一般方法

步　　骤	图　　示	操　作　说　明
划线		根据加工位置,用高度尺在工件上划出加工线
打样冲眼		用样冲打样冲眼
钻孔		不断调整麻花钻或工件在钻床上的位置,使钻尖对准钻孔中心,进行试钻,试钻达到钻孔位置要求后,调整好冷却润滑液与进给速度,正常钻削至所需深度

2）钻孔的其他方法

钻孔的其他方法如表 2-25 所示。

表 2-25　钻孔的其他方法

方　法	图　示	操 作 说 明
在斜面上钻孔		采用常规的方法在斜面上钻孔时,由于钻头切削刃负荷不均,会使钻头发生偏移,造成孔歪斜,甚至会使钻头折断。为了在斜面上钻出合格的孔,可以先用立铣刀或錾子在斜面上加工出一个小平面,然后用中心钻或小直径钻头在小平面上钻出一个浅坑,最后用钻头钻出所需的孔
钻半圆孔		若孔在工件的边缘,且需要两个工件,可以将两个工件合起来夹持在平口虎钳上进行钻孔;若只需要一个工件,可将一块与工件相同的材料和工件拼在一起夹持在平口虎钳上进行钻孔
在圆柱工件上钻孔		先在钻孔工件的端面划出所需的中心线,并用 90°角尺找正端面中心线使其保持垂直,然后换上钻头使钻尖对准工件中心,将工件压紧,钻孔

四、目标工件的钻孔操作

目标工件的钻孔操作如表 2-26 所示。

表 2-26　目标工件的钻孔操作

步　骤	图　示	操 作 说 明
准备		根据加工要求,在尺寸为 90 mm×40 mm×8 mm 的钢板上划出钻孔加工线,并打上样冲眼,然后选用 $\phi 8.5$ mm 麻花钻,并用钻夹头装夹

步　骤	图　示	操 作 说 明
找正		转动钻床操作手柄,使麻花钻钻尖接触样冲眼,调整工件在钻床上的位置,使钻尖对准钻孔中心
试钻第一个孔		找正后抬起操作手柄,使钻尖与工件表面相距 10 mm 左右后启动钻床,进行试钻
正常钻削		试钻后停机检查,当试钻达到钻孔位置要求后,调整好冷却润滑液与进给速度,正常钻削

步　骤	图　示	操作说明
钻其余两个孔		采用上述相同的方法,钻出其余两个孔
检查		钻孔完成后,停机,使工件偏离麻花钻中心位置,用游标卡尺对孔径、孔距进行检查

◀ 任务六　攻、套螺纹 ▶

【任务目标】

螺纹加工的方法多种多样,一般,较为精密的螺纹在车床上进行加工,钳工只能加工三角形螺纹,其加工方法是攻、套螺纹。本任务的目标是完成图 2-79 所示方块和图 2-80 所示圆杆的攻、套螺纹操作,并掌握攻、套螺纹工具的使用方法。

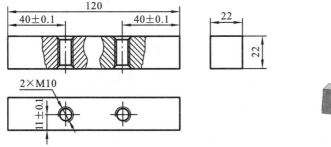

图 2-79　方块攻螺纹加工图样

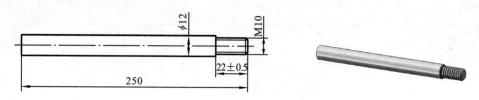

图 2-80　圆杆套螺纹加工图样

【任务相关内容】

一、常用攻、套螺纹的工具

1. 攻螺纹的工具

1) 丝锥

丝锥是一种成形多刃刀具,如图 2-81 所示。丝锥结构简单,使用方便,在小尺寸的内螺纹加工上应用极为广泛。

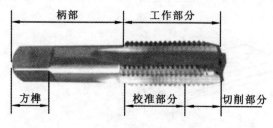

图 2-81　丝锥

丝锥可分为机用丝锥和手用丝锥两类,如图 2-82 所示。机用丝锥通常由高速钢制成,一般是单独一支;手用丝锥由碳素工具钢或合金工具钢制成,一般由两支或三支组成一组。

(a) 机用丝锥　　　　　　　　　(b) 手用丝锥

图 2-82　丝锥的分类

每一种丝锥都有相应的标记,标记对正确选择丝锥是很重要的。丝锥的标记由螺纹代号、丝锥公差带代号、材料代号等组成。丝锥标记示例如表 2-27 所示。

表 2-27　丝锥标记示例

丝 锥 标 记	说　　明
机用丝锥中锥 M10-H1	粗牙普通螺纹,直径为 10 mm,螺距为 1.5 mm,公差带为 H1,单支中锥机用丝锥
机用丝锥 2-M12-H2	粗牙普通螺纹,直径为 12 mm,螺距为 1.75 mm,公差带为 H2,两支一组等径机用丝锥

续表

丝锥标记	说　明
机用丝锥（不等径）2-M27-H1	粗牙普通螺纹，直径为 27 mm，螺距为 3 mm，公差带为 H1，两支一组不等径机用丝锥
手用丝锥中锥 M10	粗牙普通螺纹，直径为 10 mm，螺距为 1.5 mm，公差带为 H4，单支中锥手用丝锥
长柄机用丝锥 M6-H2	粗牙普通螺纹，直径为 6 mm，螺距为 1 mm，公差带为 H2，长柄机用丝锥
短柄螺母丝锥 M6-H2	粗牙普通螺纹，直径为 6 mm，螺距为 1 mm，公差带为 H2，短柄螺母丝锥
长柄螺母丝锥 I-M6-H2	粗牙普通螺纹，直径为 6 mm，螺距为 1 mm，公差带为 H2，I 型长柄螺母丝锥

2）铰杠

铰杠是用来夹持丝锥柄部的方榫，并带动丝锥旋转切削的工具，可以分为普通铰杠与丁字铰杠。

普通铰杠如图 2-83 所示，它有固定式和可调式两种。固定式普通铰杠孔的尺寸是固定的，使用时要根据丝锥尺寸的大小进行选择。固定式普通铰杠制造方便，成本低，多用于 M5 以下的丝锥。可调式普通铰杠方孔的尺寸是可调节的。常用可调式普通铰杠的柄长有六种，以适应不同规格的丝锥，如表 2-28 所示。

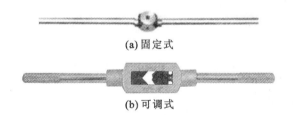

(a) 固定式

(b) 可调式

图 2-83　普通铰杠

表 2-28　常用可调式普通铰杠的柄长

柄长/mm	150	225	275	375	475	600
适用范围	M5～M8	M8～M12	M12～M14	M14～M16	M16～M22	M24 以上

丁字铰杠也分为固定式和可调式两种。可调式丁字铰杠通过一个四爪的弹簧夹头来夹持不同尺寸的丝锥，如图 2-84 所示，一般用于 M6 以下的丝锥。

2. 套螺纹的工具

1）板牙

板牙是加工外螺纹的标准刀具之一。板牙如图 2-85 所示，其切削部分为两端的锥角部分，它不是圆锥面,而是经过铲磨后形成的阿基米德螺旋面,中间一段是校准部分,也是导向部分。

图 2-84 可调式丁字铰杠

图 2-85 板牙

2)板牙架

板牙架用来装夹板牙,传递扭矩,如图 2-86 所示。不同外径的板牙应选用不同的板牙架。

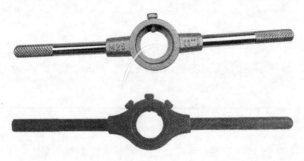

图 2-86 板牙架

二、攻、套螺纹的方法

1. 攻螺纹的方法

1)攻螺纹时底孔直径与深度的确定

攻螺纹时,底孔直径的大小要根据工件的材料、内螺纹大径等来确定。攻普通螺纹时钻底孔的钻头直径可参照表 2-29 来确定。

表 2-29 攻普通螺纹时钻底孔的钻头直径 （单位:mm）

内螺纹大径 D	螺距 P	钻头直径 D_0	
		铸铁、青铜、黄铜	钢、可锻铸铁、纯铜、层压板
5	0.8	4.1	4.2
	0.5	4.5	4.5
6	1	4.9	5
	0.75	5.2	5.2
8	1.25	6.6	6.7
	1	6.9	7
	0.75	7.1	7.2

内螺纹大径 D	螺距 P	钻头直径 D_0	
		铸铁、青铜、黄铜	钢、可锻铸铁、纯铜、层压板
10	1.5	8.4	8.6
	1.25	8.6	8.7
	1	8.9	9
	0.75	9.1	9.2
12	1.75	10.1	10.2
	1.5	10.4	10.5
	1.25	10.6	10.7
	1	10.9	11
14	2	11.8	12
	1.5	12.4	12.5
	1	12.9	13
16	2	13.8	14
	1.5	14.4	14.5
	1	14.9	15
18	2.5	15.3	15.5
	2	15.8	16
	1.5	16.4	16.5
	1	16.9	17
20	2.5	17.3	17.5
	2	17.8	18
	1.5	18.4	18.5
	1	18.9	19

除此之外,底孔直径还可以根据下面的经验公式来确定:

$$脆性材料 \quad D_0 = D - 1.05P$$
$$塑性材料 \quad D_0 = D - P$$

式中:D_0——底孔直径,mm;

$\quad\quad D$——内螺纹大径,mm;

$\quad\quad P$——螺距,mm。

攻不通孔(盲孔)螺纹时,由于丝锥不能攻到底,所以盲孔的深度往往要钻得比螺纹的长度长一些。盲孔的深度可用下列公式计算:

$$盲孔的深度 = 螺纹的长度 + 0.7D$$

式中:D——内螺纹大径,mm。

2) 攻螺纹的操作步骤与方法

攻螺纹的操作步骤与方法如表2-30所示。

表 2-30　攻螺纹的操作步骤与方法

步　骤	图　示	操 作 说 明
钻底孔		根据图样要求,在相应的位置划出加工线,钻出底孔,并在孔口处倒角
起攻		用右手按住铰杠中部,沿丝锥轴向施加压力,左手配合作顺时针旋转运动,开始攻螺纹
检查、校正		旋入 1～2 圈后,取下铰杠,用角尺检查丝锥与孔端面的垂直度,如有误差,应及时校正
攻螺纹		当丝锥的切削部分已切入工件后,每转 1～2 圈后应反转 1/4 圈,以便于排出切屑

提示　在攻通孔螺纹时,丝锥的校准部分不要全部攻出,以免扩大或损坏孔口处的最后几道螺纹。在攻不通孔螺纹时,应根据孔深在丝锥上做好深度标记,如图 2-87 所示。

图 2-87　在丝锥上做好深度标记

2. 套螺纹的方法

1) 圆杆直径的确定

与攻螺纹一样,套螺纹的过程中也有挤压作用,因而,圆杆直径要小于外螺纹大径,圆杆直径可用下式计算:

$$d_0 = d - 0.13P$$

式中:d_0——圆杆直径,mm;

d——外螺纹大径,mm;

P——螺距,mm。

实际工作中也可通过查表选取套粗牙普通螺纹时圆杆的直径,如表 2-31 所示。

表 2-31　套粗牙普通螺纹时圆杆的直径

螺纹直径/mm	螺距/mm	圆杆直径/mm	
		最小直径	最大直径
6	1	5.8	5.9
8	1.25	7.8	7.9
10	1.5	9.75	9.85
12	1.75	11.75	11.9
14	2	13.7	13.85
16	2	15.7	15.85
18	2.5	17.7	17.85
20	2.5	19.7	19.85
22	2.5	21.7	21.85
24	3	23.65	23.8
27	3	26.65	26.8
30	3.5	29.6	29.8
36	4	35.6	35.8
42	4.5	41.55	41.75

续表

螺纹直径/mm	螺距/mm	圆杆直径/mm	
		最小直径	最大直径
48	5	47.5	47.7
52	5	51.5	51.7
60	5.5	59.45	59.7
64	6	63.4	63.7
68	6	67.4	67.7

为了使板牙起套时容易切入工件并进行正确的引导,圆杆端部要倒15°~20°角,如图2-88所示。

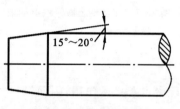

15°~20°

图 2-88　圆杆端部倒角

2) 套螺纹的操作步骤与方法

套螺纹的操作步骤与方法如表 2-32 所示。

表 2-32　套螺纹的操作步骤与方法

步　骤	图　示	操作说明
圆杆装夹		按要求对圆杆端部进行倒角后将其放入台虎钳钳口内夹紧(夹紧时圆杆伸出钳口的长度要尽量短一些)
起套		用右手按住板牙架中部,沿圆杆轴向施加压力,左手配合向顺时针方向旋转
检查、校正		套出 2~3 牙后,用角尺检查板牙与圆杆轴线的垂直度,如有误差,应及时校正

续表

步 骤	图 示	操 作 说 明
套螺纹	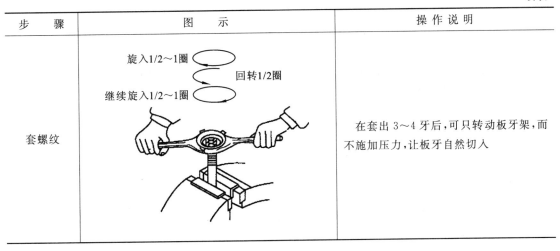 旋入1/2~1圈　回转1/2圈　继续旋入1/2~1圈	在套出 3~4 牙后,可只转动板牙架,而不施加压力,让板牙自然切入

　　提示　因套螺纹时的切削力较大,为了防止圆杆被夹出痕迹,一般用厚铜皮作衬垫或采用 V 形块装夹圆杆,如图 2-89 所示。

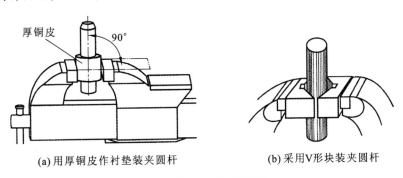

(a)用厚铜皮作衬垫装夹圆杆　　　(b)采用V形块装夹圆杆

图 2-89　套螺纹时圆杆的装夹

三、目标工件的攻、套螺纹操作

1. 方块的攻螺纹操作

方块的攻螺纹操作如表 2-33 所示。

表 2-33　方块的攻螺纹操作

步 骤	图 示	操 作 说 明
钻底孔		按螺纹位置要求划出底孔加工线,并打样冲眼,然后安装 φ8.5 mm 麻花钻,找正位置后,钻出螺纹底孔,再换装 φ15 mm 麻花钻,在孔口处倒角

步 骤	图 示	操 作 说 明
起攻		将 M10 头攻丝锥装夹在铰杠上,用右手按住铰杠中部,沿丝锥轴向施加压力,左手配合作顺时针旋转运动
检查	前　后　　　左　右	当丝锥攻入 1～2 圈后,用角尺从前后、左右两个方向进行检查,保证丝锥中心线与孔中心线重合
攻螺纹		当丝锥的切削部分已切入工件后,不再施加压力,让丝锥自然切入。头攻完成后,退出头攻丝锥,改用二攻丝锥进行切削(按同样的方法完成第二个孔的加工)

2. 圆杆的套螺纹操作

圆杆的套螺纹操作如表 2-34 所示。

表 2-34　圆杆的套螺纹操作

步 骤	图 示	操 作 说 明
圆杆装夹		按要求加工出直径合适的圆杆,并在其端部倒角,然后采用 V 形块将圆杆装夹在台虎钳中
板牙安装		将 M10 板牙安装在板牙架中,并紧固

步 骤	图 示	操 作 说 明
起套		用手按住板牙架中部,沿圆杆轴向施加压力,并使板牙沿顺时针方向切入,动作要慢,压力要大
套螺纹		在套出 3~4 牙后,可只转动板牙架,而不施加压力,让板牙自然切入,套出螺纹

训练三　金属零件的数控车削训练

数控车床是数字程序控制车床的简称,它是集通用性好的万能型车床、加工精度高的精密型车床和加工效率高的专用型普通车床的特点于一身,通过数字逻辑电路或计算机进行控制的一种数控机床。数控车床占数控机床总数的 25% 左右。

◀ 任务一　数控车床的操作 ▶

【任务目标】

本任务的目标是掌握图 3-1 所示 FANUC 0i 系统数控车床操作面板上各按键的功能,以及数控车床的基本操作方法。

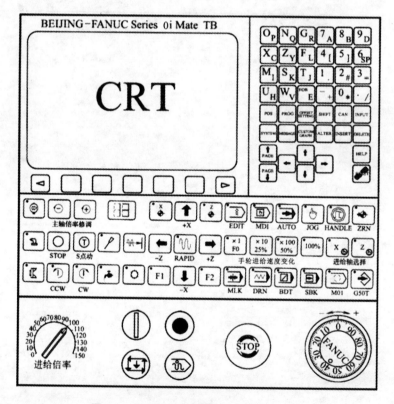

图 3-1　FANUC 0i 系统数控车床操作面板

【任务相关内容】

一、数控车床概述

1. 数控车床的结构组成

数控车床一般由数控装置、床身、主轴箱、回转刀架、刀架进给系统、尾座、冷却系统、润滑系统、液压系统、排屑器等组成。数控车床的主要结构如图 3-2 所示。

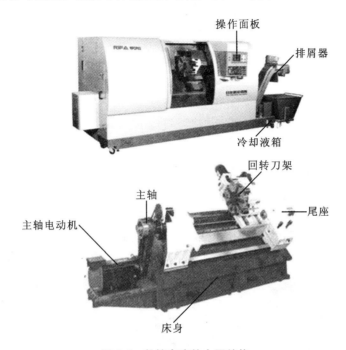

图 3-2　数控车床的主要结构

2. 数控车床的分类

1）按主轴的布置形式分类

数控车床按主轴的布置形式可分为卧式数控车床和立式数控车床两类，如图 3-3 所示。

(a) 卧式数控车床　　　　　　　　(b) 立式数控车床

图 3-3　按主轴的布置形式分类

2）按功能分类

数控车床按功能可分为经济型数控车床、全功能型数控车床和车削中心三类，如图 3-4 所示。

(a) 经济型数控车床   (b) 全功能型数控车床   (c) 车削中心

图 3-4　按功能分类

3）其他分类方式

除上述分类方式以外，数控车床还可根据加工零件的基本类型、刀架数量、数控系统的不同控制方式等进行分类。

3. 数控车床的工作原理

数控车床的基本工作原理如图 3-5 所示。采用数控车床加工零件时，先根据被加工零件的图样，用规定的数字代码和程序格式编制程序单，再将编制好的程序单记录在信息介质上，通过阅读机把信息介质上的数字代码转变为电信号，并输送到数控装置，数控装置对所接收的电信号进行处理后，将处理结果以脉冲信号形式向伺服系统发出指令，伺服系统接到指令后，马上驱动车床各进给机构按规定的加工顺序、速度和位移量工作，最终自动完成零件的车削加工。

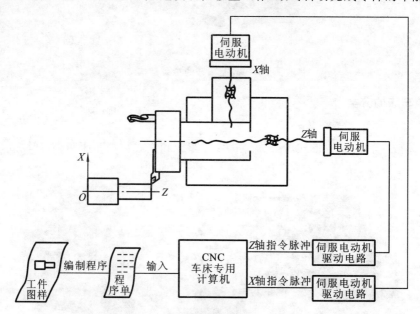

图 3-5　数控车床的基本工作原理

二、数控车床功能键说明

1. 数控车床操作面板功能键说明

FANUC 0i 系统数控车床操作面板功能键说明如表 3-1 所示。

表 3-1　FANUC 0i 系统数控车床操作面板功能键说明

功　能　键	功　　能	功　能　键	功　　能
EDIT	编辑方式，显示当前加工状态		用来启动和暂停程序，在自动和 MDI 运行方式下会用到
AUTO	存储程序自动方式	MLK	机床锁定
MDI	手动输入方式	DRN	空运行工作状态
JOG	手动进给方式	BDT	按下该键，会将前面有"/"标记的程序段跳过
HANDLE	手轮脉冲控制方式	SBK	按下该键，进入单段运行方式
ZRN	按下该键可以进行返回车床参考点操作（即车床回零）	M01	控制 M01 指令有效或无效
CCW	手动主轴正转	+X －Z RAPID +Z －X	用来选择车床的进给轴和方向。其中，键为快进键，按下该键后，该键左上角的小红灯亮，表明快进功能开启，再按一下该键，该键左上角的小红灯灭，则表明快进功能关闭
STOP	手动主轴停转	X　Z 进给轴选择	选择手轮操作的进给轴

功 能 键	功 能	功 能 键	功 能
CW	手动主轴反转	×1 F0 ×10 25% ×100 50% 100% 手轮进给速度变化	×1、×10 和×100 为手轮操作方式下三种不同的增量步长，而 F0、F25、F50 和 F100 为四种不同的进给倍率
S点动	按下此键，主轴旋转；松开此键，主轴停止旋转		按下手动冷却键，执行切削液开功能
⊖ ⊕ 主轴倍率修调	在自动和 MDI 运行方式下，当 S 指令的主轴速度偏高或偏低时，可用来修调程序中编制的主轴转速		按下间隙润滑键，将立即对车床进行间隙性润滑
40 50 60 70 80 90 100 30 110 20 120 10 130 0 140 150	用来调节 JOG 进给倍率	⏽ ⏺	用来开启和关闭数控系统，在通电开机和断电关机时会用到
X Z	用来表示车床回零的情况。当进行车床回零操作时，某轴返回零点后，该键左上角的小红灯亮	STOP	用于锁住车床。按下此键，车床立即停止运动
− + FANUC	在手轮方式下用来使车床移动		三个按键依次为液压启动、液压尾座、液压卡盘
G50T	可为每一把刀具设定一个工件坐标系		用于实现程序中断后的返回中断点操作
⬡	每按一次此键，刀架将转过一个刀位		

2. 数控系统 MDI 功能键说明

数控系统 MDI 功能键说明如表 3-2 所示。

表 3-2 数控系统 MDI 功能键说明

功　能　键	功　　能	功　能　键	功　　能
RESET	按下此键,可以使数控系统复位或者取消报警	POS	用于显示刀具的坐标位置
HELP	当对 MDI 键的操作不明白时,按下此键,可以获得帮助	PROG	在编辑方式下,编辑、显示存储器中的程序;在 MDI 方式下,输入、显示 MDI 数据;在自动运行方式下,显示程序指令
O P	按下此键,可以输入字母、数字或其他字符	OFFSET SETTING	设定和显示刀具补偿值、工件坐标系、宏程序变量
SHIFT	当某些功能键具有两种功能时,按下此键,可以在这两种功能之间进行切换	SYSTEM	用于参数的设定、显示及自诊断功能数据的显示
INPUT	当按下一个字母键或数字键后,再按该功能键,数据被输入到缓存区,并显示在屏幕上。这个键与软键中的"INPUT"键是等效的	MESSAGE	报警信号显示和报警记录显示
CAN	取消键,用于删除最后一个被输入到缓存区的字符或符号	CUSTOM GRAPH	用于模拟刀具轨迹图形的显示
ALTER	替换键,用于程序字的替换	↑ ↓ ← →	用于移动光标
INSERT	插入键,用于程序字的插入	PAGE↑ PAGE↓	用于翻页
DELETE	删除键,用于删除程序字、程序段及整个程序		

三、数控车床坐标系

在数控机床上,机床的动作是由数控装置来控制的,为了确定机床上的成形运动和辅助运动,必须先确定机床上运动的方向和运动的距离,这就需要建立一个坐标系,这个坐标系就叫机床坐标系。

数控机床的坐标系符合右手定则,对于机床坐标系的方向,统一规定增大工件与刀具之间距离的方向为正方向。如图 3-6 所示,左图规定了进给轴的正方向,右图规定了转动轴 A、B、C 轴转动的正方向。

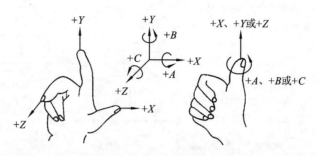

图 3-6　正方向的规定

Z 坐标的运动由传递切削力的主轴决定,与主轴轴线平行的标准坐标轴即为 Z 坐标轴。数控车床的 Z 坐标轴为工件的回转轴线,其正方向是增大刀具和工件之间距离的方向,如图 3-7 所示。

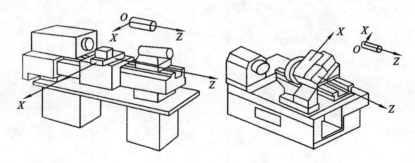

图 3-7　数控车床的坐标系

X 坐标的运动平行于工件装夹面,X 坐标是刀具或工件定位平面内运动的主要坐标。对于数控车床来说,X 坐标的方向在工件的径向上,其正方向是刀架上刀具离开工件回转中心的方向。

1. 机床原点和机床参考点

1)机床原点

机床原点又称为机床零点,是指机床上设置的一个固定点,即机床坐标系的原点。它在机床装配、调试时就已经调整好了,一般情况下不允许用户进行更改。

机床原点是数控机床进行加工或位移的基准点。对于机床原点,有一些数控机床将其设定在卡盘中心处,如图 3-8 所示,还有一些数控机床将其设定在刀架位移的正向极限点处,如图 3-9所示。

2)机床参考点

对于大多数数控机床,开机的第一步都是进行返回参考点操作(即回零操作)。开机回参考

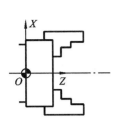

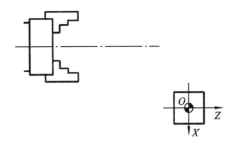

图 3-8　将机床原点设定在卡盘中心处　　　图 3-9　将机床原点设定在刀架位移的正向极限点处

点的目的是建立机床坐标系,并确定机床坐标系的原点。该坐标系一经建立,只要机床不断电,将永远保持不变,并且不能通过编程对它进行修改。

机床参考点是数控机床上一个特殊位置的点,该点通常位于刀架位移的正向极限点处。机床参考点与机床原点的距离由系统参数设定,其值可以为零,也可以不为零。如果其值为零,则表示机床参考点与机床原点重合;如果其值不为零,则机床开机回零后显示的机床坐标系的值就是系统参数中设定的距离。

2. 工件坐标系

1) 工件坐标系的建立

机床坐标系的建立保证了刀具在机床上的正确运动。但加工程序的编制通常是针对某一工件并根据零件图样进行的,为了便于计算与检查尺寸,加工程序的坐标原点一般都尽量与零件图样的尺寸基准相一致。这种针对某一工件并根据零件图样建立的坐标系就是工件坐标系,又称为编程坐标系。

2) 工件坐标系原点

工件坐标系原点也称为编程原点,该点是指工件装夹完成后,被选择作为编程或工件加工基准的工件上的某一点。数控车床工件坐标系原点的选取如图 3-10 所示。X 向零点一般选在工件的回转中心,Z 向零点一般选在加工完后工件的右端面或左端面。采用左端面作为 Z 向零点,有利于保证工件的总长;采用右端面作为 Z 向零点,则有利于对刀。

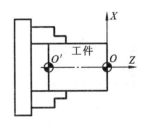

图 3-10　数控车床工件坐标系原点的选取

四、数控车床的手动操作

1. 通电开机

检查数控车床的外观是否正常,在车床背面将车床总电源开关置于"ON"位置,按下数控车床操作面板上的 🖉 键,启动键变亮,车床数控系统接通电源,CRT 显示屏由原来的黑屏变为有文字显示的界面,如图 3-11 所示。

2. 回参考点

(1) 选择并按下 🖉 键,此时该键左上角的小红灯亮。在坐标轴选择键中按下 ⬆ 键,X 轴返回参考点,此时 🖉 键左上角的小红灯亮,X 轴回零。

(2) 在坐标轴选择键中按下 ➡ 键,Z 轴返回参考点,此时 🖉 键左上角的小红灯亮,Z 轴回零。

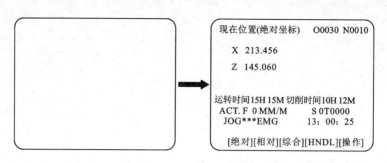

现在位置(绝对坐标)　　O0030 N0010

X　213.456

Z　145.060

运转时间15H 15M 切削时间10H 12M
ACT. F　0 MM/M　　　S 0T0000
JOG***EMG　　　　13：00：25

[绝对][相对][综合][HNDL][操作]

图 3-11　通电开机显示界面

3. JOG 进给

(1) 在操作功能选项键中按下 🖐 键(左上角的小红灯亮),此时,数控系统处于手动进给方式。

(2) 在坐标轴选择键中按下 ⬆、⬇、⬅、➡ 键,车床会沿着选定轴的选定方向移动。

(3) 可在车床运行前或运行过程中使用 🎛️,根据实际需要调节 JOG 进给倍率。

(4) 如果在按下坐标轴选择键前,按下 〰 键,此时该键左上角的小红灯亮,车床按快速移动速度运行。

4. 手轮进给

(1) 在操作功能选项键中按下 🎛 键,系统进入手轮脉冲控制方式。

(2) 按下进给轴选择键 x z,选择车床要移动的轴。

(3) 在手轮进给速度变化键 [×1][×10][×100][100%] 中选择进给倍率。

(4) 根据需要移动的方向,旋转手轮 🎛,同时车床移动。

5. 数控车床的对刀

1) X 轴方向的对刀

(1) 在操作功能选项键中按下 🖐 键,系统处于手动进给方式。

(2) 按下操作面板上的 ⬆ 键,使刀具沿 X 轴移动;按下 ⬅ 键,使刀具沿 Z 轴移动。按下操作面板上的 🔁 键,使车床主轴正转,再按下 ⬅ 键,用所选刀具试切工件外圆。

(3) 按下 ➡ 键,X 轴方向保持不动,使刀具退出外圆表面,用量具测量工件。

(4) 按下 🗝 键,显示工具补正/形状界面。按软键"形状",显示刀具偏置参数界面。

(5) 在"G01"行中输入测量出的直径,按软键"测量",CRT 界面中的"G01"X 行发生变化,完成 X 轴方向的对刀。

2) Z 轴方向的对刀

(1) 按下操作面板上的 ⬆ 键,使刀具沿 X 轴移动;按下 ⬅ 键,使刀具沿 Z 轴移动。按下操作面板上的 🔁 键,使车床主轴正转,再按下 ⬆ 键,用所选刀具试切工件端面。

(2) 按下 ⬇ 键,Z 轴方向保持不动,使刀具退出工件端面。

(3) 按 ➡ 键,将光标移至 Z 轴位置上,在输入行中输入"Z0.",按软键"测量",CRT 界面中的"G01"Z 行发生变化,完成 Z 轴方向的对刀。

3）换刀

（1）在操作功能选项键中按下 🖐️ 键（左上角的小红灯亮），此时，数控系统处于手动进给方式。

（2）按下 ⌨PROG 键，在界面中输入"T0202"，按下 ⌨EOBE 键，再按下 ⌨INSERT 键，显示图 3-12 所示界面。

（3）按下 🔄 键，刀具换为 2 号刀。

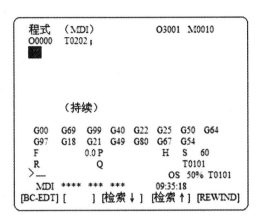

图 3-12 MDI 换刀指令的输入

五、数控车床加工程序的编辑与输入

1. 数控车床加工程序的格式与组成

一个完整的加工程序由程序号、程序内容和程序结束指令三部分组成，如下所示：

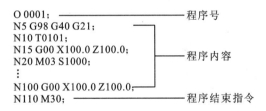

程序号一般由规定的字母"O""P"或符号"％"":"开头，后面紧跟若干位数字，常用的是两位数字和四位数字。程序内容是整个程序的核心部分，由多个程序段组成，程序段是加工程序中的一句，单独列为一行，表示零件的一段加工信息，用于指令机床完成某一个动作。若干个程序段的集合，则完整地描述了某一个零件加工的所有信息。程序结束指令用于停止主轴、切削液和进给，并使控制系统复位。

2. 数控车床加工程序的输入操作

数控车床加工程序可直接用数控系统的 MDI 键盘输入，操作方法如下。

（1）在操作功能选项键中按下 ⌨ 键，进入编辑状态，再按下 ⌨PROG 键，接着按下 CRT 下方的软键"DIR"，进入编辑页面。

（2）利用 MDI 键盘输入一个数控程序名（如输入"O3101"），再按下 ⌨INSERT 键，则数控程序名被输入。

（3）按下 $\boxed{\text{EOB}}$ 键，输入"；"，再按下 $\boxed{\text{INSERT}}$ 键。

（4）利用 MDI 键盘，在输入一段程序后，按下 $\boxed{\text{EOB}}$ 键，再按下 $\boxed{\text{INSERT}}$ 键，则此段程序被输入。

（5）接着进行下一段程序的输入，用同样的方法，可将加工程序完整地输入到数控系统中。

（6）利用方位键 $\boxed{\uparrow}$ 或 $\boxed{\text{RESET}}$ 键，将程序复位。

提示   程序输入后，应对其进行检查。如果需要插入漏掉的字符，则先将光标移至需要插入字符的地址代码前，再在输入行中输入需要插入的字符，按下 $\boxed{\text{INSERT}}$ 键，字符被插入。如果需要删除输入域内的数据，则按下 $\boxed{\text{CAN}}$ 键，删除输入域内的数据。如果只需要删除一个字符，则先将光标移至所要删除的字符位置上，再按下 $\boxed{\text{DELETE}}$ 键，删除光标所在的地址代码。如果需要替换，则先找出所需替换的字符，再将光标移至所需替换的字符位置上，然后通过 MDI 键盘输入所需替换成的字符，按下 $\boxed{\text{ALTER}}$ 键，完成替换操作。

六、数控车床的自动加工

数控车床自动加工的操作步骤如下。

（1）顺时针旋转 $\boxed{\text{STOP}}$ ，使其抬起。

（2）按下 $\boxed{\bullet}$ 键，进行数控车床回零操作。

（3）导入一个编写好的数控加工程序或自行编写一个数控加工程序。

（4）按下 $\boxed{\text{↕}}$ 键，程序开始执行。

在自动方式下，选择 $\boxed{\text{PROG}}$ 功能界面，并打开当前程序，可在对应的操作软键上显示"检视"功能，按下软键"检视"后，出现图 3-13 所示的程式检视界面，通过此界面可在自动方式下查看当前和即将运行的程序。

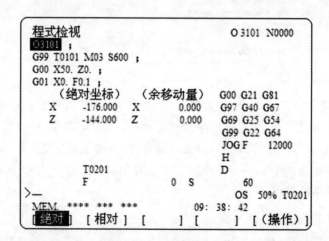

图 3-13   程式检视界面

任务二　简单轴类零件的数控车削编程

【任务目标】

本任务的目标是完成图 3-14 所示简单轴类零件的数控车削编程,并掌握相关编程指令的应用。

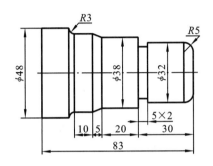

图 3-14　简单轴类零件图样

【任务相关内容】

一、相关指令

1. 快速定位指令 G00

G00 是快速定位指令,可以使刀具以点定位控制方式从刀具所在点快速运动到下一个目标位置。它只是快速定位,而无运动轨迹要求,且无切削加工过程。刀具的实际运动路线不是绝对的直线,而是折线,使用时要注意刀具是否与工件发生干涉。G00 走刀路线如图 3-15 所示。

G00 指令的书写格式为:

$$G00 \ X\text{-}Z\text{-};$$

其中,X、Z 是刀具快速定位终点的坐标值,X 采用直径编程。G00 指令中,若刀具在运动过程中未沿某个坐标轴运动,则该坐标值可以省略不写。G00 指令后面不能有 F 进给功能字。

2. 直线插补指令 G01

G01 是直线插补指令,规定刀具在两点间以插补联动方式按指定的 F 进给速度做任意的直线运动。图 3-16 所示为 G01 走刀路线。

G01 指令的书写格式为:

$$G01 \ X(U)\text{-}Z(W)\text{-}F\text{-};$$

其中,X、Z 是直线终点的坐标值,U、W 为增量值编程时相对于起点的位移量,F 指定刀具的进给速度。如果在 G01 程序段之前的程序段中没有 F 指令,且现在的 G01 程序段中也没有 F 指令,则机床不运行。两个相连的 G01 指令,后一个 G01 指令的 F 进给功能字可以省略,其进给速度与前一个相同。

3. 圆弧插补指令 G02/G03

圆弧插补指令使刀具相对于工件以指定的速度从起点向终点进行圆弧插补。G02 为顺时

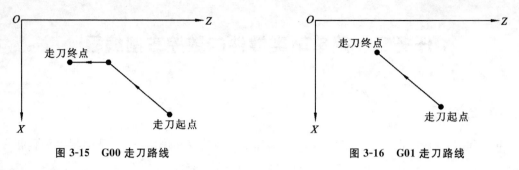

图 3-15　G00 走刀路线　　　　　　　图 3-16　G01 走刀路线

针圆弧插补指令,G03 为逆时针圆弧插补指令。在判断圆弧的方向时,一定要注意刀架的位置,如图 3-17 所示。

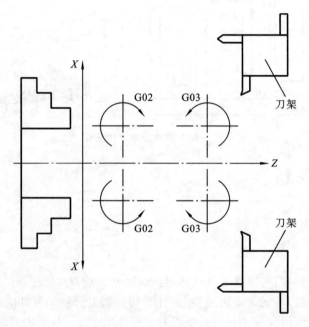

图 3-17　G02/G03 的判断

G02/G03 指令的书写格式为:

$$G02/G03\ X(U)\text{-}Z(W)\text{-}R\text{-}F\text{-};$$

或　　　　　　　　　$$G02/G03\ X(U)\text{-}Z(W)\text{-}I\text{-}K\text{-}F\text{-};$$

其中,X、Z 为圆弧终点的坐标值,R 为圆弧半径,I、K 为圆弧的圆心相对于圆弧起点在 X 轴和 Z 轴方向上的增量值。

4. 单一固定循环指令

1) G90

G90 走刀路线如图 3-18 所示,刀具从循环起点 A 点开始以 G00 方式径向移动至 B 点,再以 G01 方式沿轴向切削进给至 C 点,然后退至 D 点,最后以 G00 方式返回至循环起点 A 点,准备下一个动作。

G90 指令的书写格式为:

$$G90\ X(U)\text{-}Z(W)\text{-}F\text{-};$$

其中,X、Z 为绝对值编程时切削终点的坐标值,U、W 为增量值编程时切削终点相对于循环起点的位移量。

2）G94

G94 走刀路线如图 3-19 所示。

G94 指令的书写格式为：

$$G94 \ X(U)\text{-}Z(W)\text{-}F;$$

其中，X、Z 为绝对值编程时切削终点的坐标值，U、W 为增量值编程时切削终点相对于循环起点的位移量。

实际上，单一固定循环指令 G90/G94 也可以用于外圆锥面和圆锥端面的车削，走刀路线如图 3-20 和图 3-21 所示。

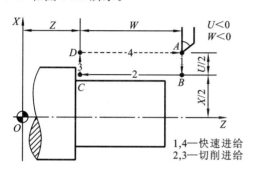

图 3-18 G90 走刀路线

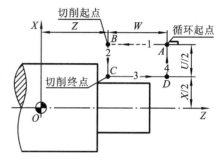

图 3-19 G94 走刀路线

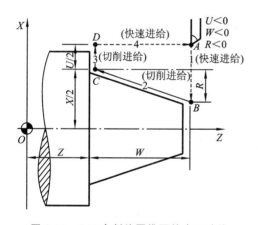

图 3-20 G90 车削外圆锥面的走刀路线

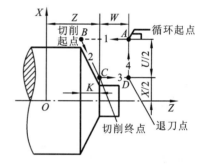

图 3-21 G94 车削圆锥端面的走刀路线

车削外圆锥面时 G90 指令的书写格式为：

$$G90 \ X(U)\text{-}Z(W)\text{-}R\text{-}F;$$

其中，X、Z 为绝对值编程时切削终点的坐标值，U、W 为增量值编程时切削终点相对于循环起点的位移量，R 为切削起点与切削终点的半径差。

车削圆锥端面时 G94 指令的书写格式为：

$$G94 \ X(U)\text{-}Z(W)\text{-}K\text{-}F;$$

其中，X、Z 为绝对值编程时切削终点的坐标值，U、W 为增量值编程时切削终点相对于循环起点的位移量，K 为切削起点与切削终点的半径差。

二、目标工件的数控车削编程

工件毛坯为 $\phi 50$ mm 的棒料，以右端面与轴线的交点为工件坐标系原点，采用三爪自定心卡盘直接装夹毛坯，保证伸出长度不少于 90 mm。选用 93° 机夹外圆车刀和刀宽为 5 mm 的切槽刀,分别安装在 1、2 号刀位上,采用固定点换刀方式,换刀点为 $R(100,100)$。简单轴类零件的加工程序如表 3-3 所示。

表 3-3　简单轴类零件的加工程序

程　　序	说　　明
O3001;	主程序名
G99 T0101 M03 S500;	用 G 指令建立工件坐标系,主轴以 500 r/min 的速度正转
G00 X52.Z0.;	快速定位起刀点(准备车端面)
G01 X0.F0.1;	车端面
Z2.;	退刀(离开端面)
G00 X49.;	至外圆起刀点位置
G01 Z−83.F0.2;	粗车 ϕ48 mm 外圆(留 1 mm 精加工余量)
X52.;	X 向退刀
G00 Z2.;	Z 向退刀
X43.;	进刀(准备粗车 ϕ42 mm 外圆)
G01 Z−65.;	粗车 ϕ42 mm 外圆(留 1 mm 精加工余量)
X50.;	X 向退刀
G00 Z2.;	Z 向退刀
X39.;	进刀(准备粗车 ϕ38 mm 外圆)
G01 Z−50.;	粗车 ϕ38 mm 外圆(留 1 mm 精加工余量)
X45.;	X 向退刀
G00 Z2.;	Z 向退刀
X33.;	进刀(准备粗车 ϕ32 mm 外圆)
G01 Z−30.;	粗车 ϕ32 mm 外圆(留 1 mm 精加工余量)
X40.;	X 向退刀
G00 Z2.;	Z 向退刀
X22.;	X 向进刀
S800;	主轴以 800 r/min 的速度正转
G01 Z0.;	至端面
G03 X32.Z−5.R5.F0.1;	车 R5 凸圆弧
G01 Z−30.;	精车 ϕ32 mm 外圆
X38.;	X 向退刀
Z−50.;	精车 ϕ38 mm 外圆
X42.Z−55.;	车斜面
Z−65.;	精车 ϕ42 mm 外圆
G02 X48.Z−68.R3.;	车 R3 凹圆弧
G01 Z−83.;	精车 ϕ48 mm 外圆
X52.;	X 向退刀

续表

程　序	说　明
G00 X100. Z100.；	至换刀点位置
T0202 S400；	换 2 号刀，主轴以 400 r/min 的速度正转
G00 X45.；	X 向进刀
G01 Z－30. F0.3；	至起刀点
X28. F0.1；	切槽
X45.；	X 向退刀
G00 X100. Z100.；	至换刀点位置
M05；	主轴停
M30；	主程序结束并返回

当采用 G90 单一固定循环进行粗加工时，其程序段将大大减少，如表 3-4 所示。

表 3-4　G90 编程下的粗加工程序

程　序	说　明
O3001；	主程序名
G99 T0101 M03 S500；	用 G 指令建立工件坐标系，主轴以 500 r/min 的速度正转
G00 X52. Z0.；	快速定位起刀点（准备车端面）
G01 X0. F0.1；	车端面
Z2.；	退刀（离开端面）
G00 X52.；	至循环起点
G90 X49. Z－83. F0.2；	粗车 φ48 mm 外圆（留 1 mm 精加工余量）
X43. Z－65.；	粗车 φ42 mm 外圆（留 1 mm 精加工余量）
X39. Z－50.；	粗车 φ38 mm 外圆（留 1 mm 精加工余量）
X33. Z－30.；	粗车 φ32 mm 外圆（留 1 mm 精加工余量）
……	
G00 X100. Z100.；	至换刀点位置
M05；	主轴停
M30；	主程序结束并返回

◀ 任务三　复杂工件的数控车削编程 ▶

【任务目标】

本任务的目标是完成图 3-22 所示复杂工件的数控车削编程，并掌握复合固定循环指令的应用。

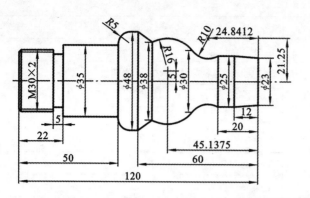

图 3-22 复杂工件图样

【任务相关内容】

一、相关指令

1. 外圆粗车循环指令 G71

G71 指令用于粗车圆柱棒料,以切除较多的加工余量。G71 进给路径如图 3-23 所示。

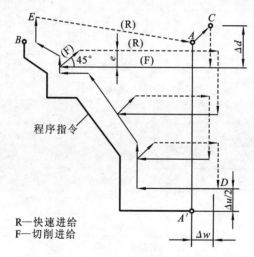

R—快速进给
F—切削进给

图 3-23   G71 进给路径

G71 指令的书写格式为:

        G71 U(Δd)　R(e);

        G71 P(ns)　Q(nf)　U(Δu)　W(Δw)　F(f)　S(s)　T(t);

其中,Δd 表示每次的背吃刀量,Δd 无符号,切入的方向由 $A{\rightarrow}A'$ 的方向决定;e 是退刀量,为模态值,在下次指定前均有效;ns 是精车程序第一个程序段的程序段号;nf 是精车程序最后一个程序段的程序段号;Δu 为 X 轴方向的精加工余量;Δw 为 Z 轴方向的精加工余量。在 G71 循环中,ns 到 nf 之间程序段中的 F、S、T 功能无效,全部忽略,仅在有 G71 指令的程序段中的 F、S、T 功能有效。G71 循环有四种切削情况,无论哪一种情况,刀具都是重复平行于 Z 轴移动进行切削的。G71 循环中 U 和 W 的符号如图 3-24 所示。

在程序段号为 ns 的程序段中指定 $A{\rightarrow}A'$ 之间的刀具轨迹,可以用 G00 或 G01,但不能指定

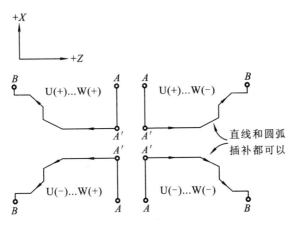

图 3-24　G71 循环中 U 和 W 的符号

Z 轴方向上的运动。$A'{\rightarrow}B$ 之间的零件形状在 X 轴和 Z 轴方向都必须是单调增大或减小的图形。

在程序段号为 ns 到 nf 的程序段中不能调用子程序。当程序段号为 ns 的程序段用 G00 方式移动时,指令 A 点时,必须保证刀具在 Z 轴方向上位于零件之外。程序段号为 ns 的程序段不仅用于粗车,还要用于精车时的进刀,一定要保证进刀安全。

2. 精车循环指令 G70

G70 指令的书写格式为:

$$G70 \; P(ns) \quad Q(nf);$$

其中,ns 为精车程序第一个程序段的程序段号,nf 为精车程序最后一个程序段的程序段号。

提示　精车时,G71、G72、G73 程序段中的 F、S、T 对于 G70 程序段无效,只有 ns~nf 程序段中的 F、S、T 才有效。

3. 端面粗车循环指令 G72

G72 指令与 G71 指令类似,不同之处在于 G72 循环中,刀具是平行于 X 轴方向切削的。G72 进给路径如图 3-25 所示。

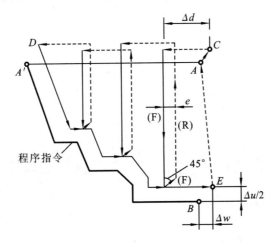

图 3-25　G72 进给路径

G72 指令的书写格式为：

G72 W(Δd) R(e)；

G72 P(ns) Q(nf) U(Δu) W(Δw) F(f) S(s) T(t)；

G72 循环有四种切削情况，无论哪一种情况，刀具都是重复平行于 X 轴移动进行切削的。U 和 W 的符号如图 3-26 所示。

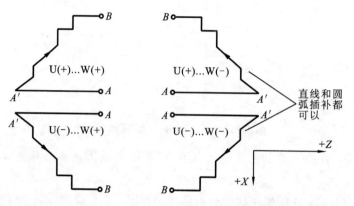

图 3-26 G72 循环中 U 和 W 的符号

G72 指令中，程序段号为 ns 的程序段必须沿 Z 轴进刀，且不能出现 X 坐标字，否则会报警。G72 循环主要用于对端面精度要求比较高、径向切削尺寸大于轴向切削尺寸的工件的粗加工。

4. 仿形车削循环指令 G73

仿形车削循环适用于毛坯轮廓形状基本接近成品时的粗车。G73 循环中，刀具按同一轨迹重复进行切削，每次切削时向前移动一点。G73 进给路径如图 3-27 所示。

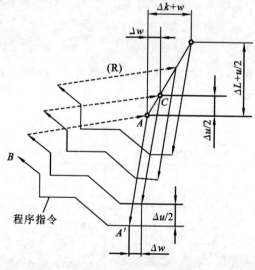

图 3-27 G73 进给路径

G73 指令的书写格式为：

G73 U(Δi) W(Δk) R(d)；

G73 P(ns) Q(nf) U(Δu) W(Δw) F(f) S(s) T(t)；

其中，Δi 为 X 轴方向退刀的距离及方向，这个指令是模态的，在下次指定前均有效；Δk 为

Z 轴方向退刀的距离及方向,这个指令是模态的,在下次指定前均有效;d 为分割次数,等于粗车次数,该指令是模态的,在下次指定前均有效;ns 是精车程序第一个程序段的程序段号;nf 是精车程序最后一个程序段的程序段号;Δu 为 X 轴方向的精加工余量;Δw 为 Z 轴方向的精加工余量。

二、目标工件的数控车削编程

工件毛坯为 $\phi 50$ mm×122 mm 的棒料。根据加工内容,选择零件右端面与轴线的交点为工件坐标系原点,选择 35°机夹外圆车刀、刀宽为 5 mm 的切槽刀和 60°螺纹车刀,分别安装在 1、2、3 号刀位上,采用固定点换刀方式,换刀点为 $R(100,100)$。复杂工件的加工程序如表 3-5 和表 3-6 所示。

表 3-5 复杂工件的加工程序(左端)

程　序	说　明
O3002;	主程序名
G99 T0101 M03 S800;	用 G 指令建立工件坐标系,主轴以 800 r/min 的速度正转
G00 X52. Z2.;	快速定位起刀点
G94 X−1. Z0. F0.1;	车端面
G71 U1.5 R0.5;	
G71 P5 Q10 U0.5 W0.1 F0.2;	
N5 G00 X22.;	
G01 X30. Z−2. F0.1;	
Z−22.;	
X35.;	G71 加工左端外形轮廓
Z−50.;	
X38.;	
G03 X48. W−5. R5.;	
G01 Z−61.;	
N10 G01 X52.;	
G70 P5 Q10;	G70 精车左端外形轮廓
G00 X100. Z100.;	至换刀点
T0202 S500;	换 2 号刀,主轴以 500 r/min 的速度正转
G00 X32.;	
Z−22.;	至切槽处
G01 X26. F0.1;	切槽
X32.;	X 向退刀
G00 X100. Z100.;	至换刀点
T0303;	换 3 号刀
G00 X33. Z3.;	至循环起刀点

续表

程　序	说　明
G92 X29.2 Z−20. F2.；	
X28.7；	
X28.2；	G92 车螺纹
X28.；	
X27.835；	
G00 X100. Z100.；	
M05；	主轴停
M30；	主程序结束并返回

表 3-6　复杂工件的加工程序（右端）

程　序	说　明
O3011；	主程序名
G99 T0101 M03 S800；	用 G 指令建立工件坐标系，主轴以 800 r/min 的速度正转
G00 X52. Z2.；	快速定位起刀点
G94 X−1. Z0. F0.1；	车端面
G71 U1.5 R0.5；	
G71 P15 Q30 U0.5 W0.1 F0.15；	
N15 G00 X23.；	
Z0.；	
G01 X25. Z−12. F0.1；	G71 加工右端外形轮廓
Z−20.；	
G02 X30. Z−32.65 R10.；	
G03 X38. Z−52.88 R16.；	
N30 G01 X48. Z−60.；	
G70 P15 Q30；	G70 精车右端外形轮廓
G00 X100. Z100.；	
M05；	主轴停
M30；	主程序结束并返回

◀ 任务四　螺纹的数控车削编程 ▶

【任务目标】

本任务的目标是完成图 3-28 所示螺纹工件的数控车削编程，并掌握相关编程指令的应用。

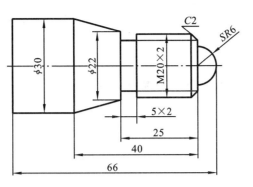

图 3-28 螺纹工件图样

【任务相关内容】

一、相关指令

1. 单行程螺纹切削指令 G32

单行程螺纹切削指令 G32 可以切削直螺纹、圆锥螺纹和端面螺纹,如图 3-29 所示。

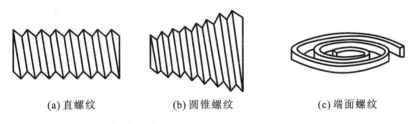

(a)直螺纹   (b)圆锥螺纹   (c)端面螺纹

图 3-29 单行程螺纹切削指令 G32 的适用范围

G32 在进行直螺纹切削时分为四个步骤:进刀(AB)、切削(BC)、退刀(CD)、返回(DA),如图 3-30 所示。G32 在进行圆锥螺纹切削时也分为四个步骤,如图 3-31 所示。

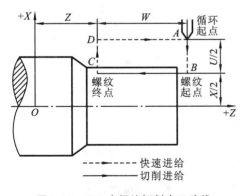

图 3-30 G32 直螺纹切削走刀路线

图 3-31 G32 圆锥螺纹切削走刀路线

G32 指令的书写格式为:

$$G32\ X(U)\text{-}Z(W)\text{-}F\text{-};$$

切削直螺纹时,书写格式为:

$$G32\ Z(W)\text{-}F\text{-};$$

其中,X、Z 为绝对值编程时螺纹终点的坐标值,U、W 为增量值编程时螺纹终点相对于循环起点的位移量,F 是螺纹导程。需要特别说明的是,在数控车床上车削螺纹时,沿螺距方向进给应与车床主轴的旋转保持严格的速比关系,避免在进给机构加速或减速的过程中进行切削,因此要有引入距离(升速进刀段)δ_1 和超越距离(降速退刀段)δ_2,如图 3-32 所示。δ_1 和 δ_2 与车床拖动系统的动态特性、螺纹的螺距和螺纹的精度有关。若螺纹收尾处没有退刀槽,收尾处的形状与数控系统有关,一般按 45° 退刀收尾。

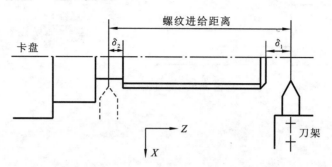

图 3-32 切削螺纹时的引入距离和超越距离

2. 螺纹切削固定循环指令 G92

螺纹切削固定循环指令 G92 可以切削直螺纹和圆锥螺纹。直螺纹的切削分为进刀(AB)、切削(BC)、退刀(CD)、返回(DA)四个步骤,如图 3-33 所示。圆锥螺纹的切削也分为进刀(AB)、切削(BC)、退刀(CD)、返回(DA)四个步骤,如图 3-34 所示。

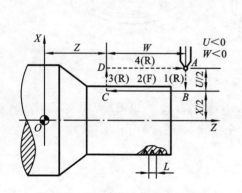

图 3-33 G92 直螺纹切削走刀路线

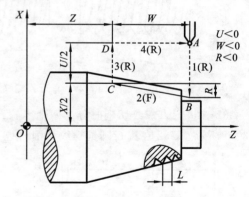

图 3-34 G92 圆锥螺纹切削走刀路线

G92 指令的书写格式为:

$$直螺纹 \quad G92 \ X(U)\text{-}Z(W)\text{-}F\text{-};$$
$$圆锥螺纹 \quad G92 \ X(U)\text{-}Z(W)\text{-}R\text{-}F\text{-};$$

其中,X、Z 是绝对值编程时螺纹终点的坐标值,U、W 是增量值编程时螺纹终点相对于循环起点的位移量,F 是螺纹导程,R 是圆锥螺纹起点与圆锥螺纹终点的半径之差。

对于圆锥螺纹中的 R,在编程时除了要注意正、负号之外,还需要根据不同的长度来确定 R 的大小。

1)R 正、负号的确定

在数控车床上车削圆锥螺纹时,可分为车削正圆锥螺纹和车削倒圆锥螺纹两种情况。

在车削正圆锥螺纹时,圆锥螺纹起点的半径小于圆锥螺纹终点的半径,所以圆锥螺纹起点与圆锥螺纹终点的半径之差为负值,即 R 为负值;在车削倒圆锥螺纹时,圆锥螺纹起点的半径大于圆锥螺纹终点的半径,所以圆锥螺纹起点与圆锥螺纹终点的半径之差为正值,即 R 为正值。

2）R 大小的确定

R 的大小应根据不同的长度来确定。如图 3-35 所示，由于切削螺纹时有升速进刀段和降速退刀段，所以用于确定 R 大小的长度为 $30+\delta_1+\delta_2$，以保证圆锥螺纹锥度的正确性。

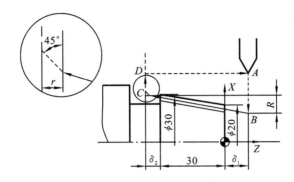

图 3-35 确定 R 大小的长度

假定 δ_1 和 δ_2 分别为 3 mm 和 6 mm，从图 3-35 中可知，圆锥螺纹大端的直径为 30 mm，小端的直径为 20 mm，长度为 30 mm，$C=(30-20)/30=1：3$。

因此就有：

$$(30-B \text{ 点的 } X \text{ 坐标值})/(30+3)=1：3$$
$$(C \text{ 点的 } X \text{ 坐标值}-20)/(30+6)=1：3$$

计算得出，升速进刀段 B 点的 X 坐标值为 19，降速退刀段 C 点的 X 坐标值为 32。

故 $R=(19-32)/2=-6.5$。

假定圆锥螺纹的螺距为 2 mm，螺纹分四次走刀车出，则编程如下：

```
  ……
G00 X31.Z3.；
G92 X28.9 Z-36.F2.R-6.5；
    X28.4；
    X28.15；
    X28.05；
  ……
```

3. 螺纹切削复合固定循环指令 G76

对于螺距较大的螺纹，在加工时，为了避免出现螺纹车刀三刃同时参与切削，引起"扎刀"等不良现象，必须采用 G76 指令来完成切削工作。G76 用于多次自动循环切削螺纹，它只需要一段程序就可以完成螺纹的切削循环加工。图 3-36 所示为 G76 走刀路线与进刀方式。

G76 指令的书写格式为：

$$G76 \ P(m)(r)(\alpha) \quad Q(\Delta d_{min}) \quad R(d)；$$
$$G76 \ X(U)\text{-}Z(W)\text{-}R(i) \quad P(k) \quad Q(\Delta d) \quad F(f)；$$

其中，m 是精加工重复次数；r 是螺纹尾端倒角量；α 是刀具刀尖角角度的大小，可选择 $80°$、$60°$、$55°$、$30°$、$29°$、$0°$ 六种，用两位数表示；Δd_{min} 为最小切削深度；d 为精加工余量；X、Z 为绝对值编程时螺纹终点的坐标值；U、W 是增量值编程时螺纹终点相对于循环起点的位移量；i 为螺纹部分半径差；k 为螺纹牙型高度；Δd 是第一次切削深度；F 为螺纹导程。

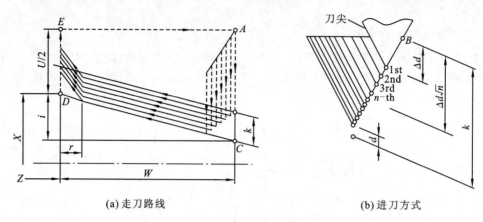

(a)走刀路线   (b)进刀方式

图 3-36　G76 走刀路线与进刀方式

二、目标工件的数控车削编程

工件毛坯为 $\phi32$ mm 的棒料。根据加工内容，选择 85°机夹外圆车刀、刀宽为 5 mm 的切槽刀和 60°螺纹车刀，分别安装在 1 号、2 号、3 号刀位上，采用固定点换刀方式。选择零件右端面与轴线的交点为工件坐标系原点。为了进行比较，螺纹加工程序用 G32、G92、G76 三种指令编写。螺纹工件的加工程序如表 3-7、表 3-8 和表 3-9 所示。

表 3-7　螺纹工件的加工程序（用 G32 指令编写螺纹加工程序）

程　　序	说　　明
O3003；	主程序名
G99 T0101 M03 S800；	用 G 指令建立工件坐标系，主轴以 800 r/min 的速度正转
G00 X34. Z2.；	
G94 X−1. Z2. F0.1；	
G71 U1.5 R0.5；	
G71 P25 Q80 U0.5 W0.25 F0.2；	
N25 G00 X0.；	
Z0.；	
G03 X12. Z−6. R6. F0.1；	
G01 X16.；	
X20. W−1.；	G71 粗车外形轮廓
W−24.；	
X22.；	
X30. W−15.；	
W−22.；	
N80 G01 X34.；	
G70 P25 Q80；	
G00 X100. Z100.；	
T0202 S500；	换 2 号刀

程　序	说　明
G00 X30.；	
Z－31.；	
G01 X16.F0.1；	切槽
X32.；	
G00 X100.Z100.；	
T0303；	换 3 号刀
G00 X23.；	
Z－4.；	
X19.；	
G32 Z－29.F2.；	第一次车螺纹
G01 X23.；	
G00 Z－4.；	
X18.5；	
G32 Z－29.F2.；	第二次车螺纹
G01 X23.；	
G00 Z－4.；	
X18.3；	
G32 Z－29.F2.；	第三次车螺纹
G01 X23.；	
G00 Z－4.；	
X18.；	
G32 Z－29.F2.；	第四次车螺纹
G01 X23.；	
G00 Z－4.；	
X17.835；	
G32 Z－29.F2.；	第五次车螺纹
G01 X23.；	
G00 X100.Z100.；	
T0202；	换 2 号刀
G00 X34.Z－71.；	
G01 X0.F0.1；	切断
G00 X100.Z100.；	
M05；	
M30；	

表 3-8　螺纹工件的加工程序（用 G92 指令编写螺纹加工程序）

程　　序	说　　明
O3031；	主程序名
……	
G00 X23.；	快速定位
Z－4.；	
G92 X19. Z－29. F2.；	
X18.5；	
X18.3；	G92 车螺纹
X18.；	
X17.835；	
G00 X100. Z100.；	
……	

表 3-9　螺纹工件的加工程序（用 G76 指令编写螺纹加工程序）

程　　序	说　　明
O3032；	主程序名
……	
G00 X23.；	快速定位
Z－4.；	
G76 P010060 Q100 R0.02；	G76 车螺纹
G76 X17.835 Z－29. R0. P1083 Q1000 F2.；	
G00 X100. Z100.；	
……	

◀ 任务五　特殊型面工件的数控车削编程 ▶

【任务目标】

本任务的目标是完成图 3-37 所示椭圆面工件的数控车削编程，并掌握子程序、宏程序的编程方法和技巧。

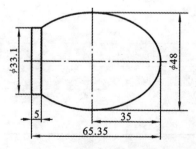

图 3-37　椭圆面工件图样

【任务相关内容】

一、子程序

1. 子程序的概念

1）子程序的定义

机床的加工程序可以分为主程序和子程序两种。主程序是一个完整的零件加工程序，或者是零件加工程序的主体部分。它与被加工零件或加工要求一一对应，不同的零件或不同的加工要求，都有唯一的主程序。

在编写加工程序时，有时会遇到这种情况：一组程序段在一个程序中多次出现，或者在几个程序中被使用。这组程序段可以做成固定程序，并单独命名。这组程序段就称为子程序。

子程序一般不能作为独立的加工程序使用，它只能通过主程序进行调用，实现加工过程中的局部动作。子程序执行结束后，能自动返回到调用它的主程序中。

2）子程序的嵌套

为了进一步简化加工程序，可以允许子程序再调用另一个子程序，这一功能称为子程序的嵌套，如图 3-38 所示。

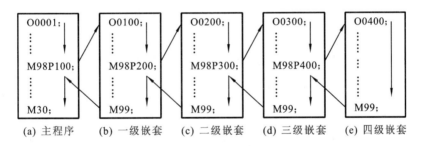

图 3-38　子程序的嵌套

2. 子程序的格式和调用

1）子程序的格式

在大多数数控系统中，子程序与主程序并无本质区别。子程序和主程序在程序号与程序内容方面基本相同，仅结束标记不同。主程序用 M02 或 M30 表示结束，而子程序在 FANUC O_i系统中则用 M99 表示结束，并实现自动返回主程序功能。

2）子程序的调用

在 FANUC 0i 系统中，子程序的调用可通过辅助功能指令 M98 进行，同时在调用格式中将子程序号的地址改为 P，常用的子程序调用格式有两种。

（1）M98 P×××× L××××。其中，P 后面的四位数字为子程序号，L 后面的四位数字为调用子程序的次数，子程序号与调用次数前的 0 省略不写。如果子程序只调用一次，则L 与其后的数字均可省略。

（2）M98 P××××　××××。地址 P 后面的八位数字中，前四位表示调用次数，后四位表示子程序号，采用这种格式时，调用次数前的 0 可省略不写，但子程序号前的 0 不可省略。

提示　在同一个数控系统中，子程序的两种调用格式不能混合使用。

3）子程序调用的特殊用法

子程序调用的特殊用法如下。

（1）子程序返回到主程序中的某一个程序段。如果在子程序的返回指令中加上 Pn 指令，则子程序在返回主程序时，将返回到主程序中程序段号为 n 的那个程序段，而不直接返回主程序。

（2）自动返回到主程序开始段。如果在主程序中执行 M99，则程序将返回到主程序开始段并继续执行主程序。除此之外，还可以在主程序中插入 M99 Pn 指令，用于返回到指定的程序段。为了能够执行后面的程序，通常在该指令前加"/"，以便在不需要返回执行时，跳过该程序段。

（3）强制改变子程序重复执行的次数。用 M99 L××指令可强制改变子程序重复执行的次数，其中，L××表示子程序调用的次数。

二、宏程序

FANUC 系统的宏程序分为 A、B 两类。一般情况下，较老的系统采用 A 类宏程序，如 FANUC OTD 系统，而较为先进的系统，如 FANUC 0i 系统则采用 B 类宏程序。

1. 宏变量

FANUC 0i 系统的宏变量如表 3-10 所示。

表 3-10　FANUC 0i 系统的宏变量

变 量 号	变量类型	功 能 说 明
#0	空变量	该变量总是为空，没有值能赋给该变量
#1～#33	局部变量	局部变量只能用在程序中存储数据（如运算结果）。断电时，局部变量被初始化为空。调用宏程序时，自变量对局部变量赋值
#100～#199 #500～#999	公共变量	公共变量在不同的宏程序中有不同的意义。断电时，变量#100～#199 被初始化为空，变量#500～#999 的数据被保存
#1000 以上	系统变量	系统变量用于读写数控机床运行时的各种数据，如刀具的当前位置

局部变量和公共变量的取值范围为 $-10^{47} \sim 10^{47}$，如果计算结果超出有效范围，则发出 P/S 报警 No.111。为了在程序中使用变量，将跟随在地址符后的数值用变量来代替的过程称为引用变量。例如，当定义变量 #100＝30.0，#101＝−50.0，#102＝80 时，要表示程序段 G01 X30.0 Z−50.0 F80 时，即可引用变量表示为 G01 X#100 Z#101 F#102。

变量也可用表达式指定，此时要把表达式放在括号里，如 G01 X［#1＋#2］F#3。变量被引用时，其值根据地址的最小设定单位自动地舍入。

2. 算术与逻辑运算

算术与逻辑运算如表 3-11 所示。表 3-11 中所列出的运算可以在变量中执行，运算符右边的表达式可包含常量和由函数或运算符组成的变量。表达式中的变量 #j 和 #k 可以用常数赋值。

表 3-11　算术与逻辑运算

功 能	格 式	备 注
定义	#i＝#j	

功　能	格　式	备　注
加法	#i＝#j＋#k	
减法	#i＝#j－#k	
乘法	#i＝#j＊#k	
除法	#i＝#j/#k	
正弦	#i＝SIN[#j]	
反正弦	#i＝ASIN[#j]	
余弦	#i＝COS[#j]	角度的单位为度,如90°30′表示为90.5°
反余弦	#i＝ACOS[#j]	
正切	#i＝TAN[#j]	
反正切	#i＝ATAN[#j]	
平方根	#i＝SQRT[#j]	
绝对值	#i＝ABS[#j]	
舍入	#i＝ROUND[#j]	
上取整	#i＝FIX[#j]	
下取整	#i＝FUP[#j]	
自然对数	#i＝LN[#j]	
指数函数	#i＝EXP[#j]	
或	#i＝#jOR#k	
异或	#i＝#jXOR#k	逻辑运算一位一位地按二进制数执行
与	#i＝#jAND#k	
从 BCD 转为 BIN	#i＝BIN[#j]	用于与PMC的信号交换
从 BIN 转为 BCD	#i＝BCD[#j]	

注:①三角函数中#j的值超过范围时,发出 P/S 报警 No.111,#i 的取值范围因为不同的机床设置参数而有所不同。

②运算符运算的先后次序为:函数、乘除运算(＊、/、AND)、加减运算(＋、－、OR、XOR)。

③括号用于改变运算次序,括号最多可以使用 5 级,包括函数内部使用的括号。当括号超过 5 级时,出现 P/S 报警 No.118。

3. 宏程序语句

宏程序语句也叫宏指令,它是指包含算术或逻辑运算(＝)、控制语句(如 GOTO、DO、END)、宏程序调用指令的程序段。除了宏程序语句以外的任何程序段都为 NC 语句。

在一般的加工程序中,程序按照程序段在存储器内的先后顺序依次执行,使用转移和循环语句可以改变、控制程序的执行顺序。

1) GOTO 语句

GOTO 语句也称为无条件转移语句,其格式为:

GOTO n;

其中,n 为程序段号(1~9999)。GOTO 语句的作用是转移到程序段号为 n 的程序段。

2) IF 语句

IF 语句也称为条件转移语句,其格式有两种。

（1）IF［条件表达式］ GOTO n。它的作用是当指定的条件表达式满足时，转移到程序段号为 n 的程序段；当指定的条件表达式不满足时，执行下一个程序段。

（2）IF［条件表达式］ THEN。它的作用是当指定的条件表达式满足时，执行 THEN 后面的宏程序语句，且只执行一个宏程序语句。

上述条件表达式中必须包括运算符且用括号"［　］"封闭。条件表达式中的变量可以用表达式代替。

3）WHILE 语句

WHILE 语句也称为循环语句，其格式为：

$$WHILE［条件表达式］ \quad DO\ m；(m＝1,2,3)$$

$$\cdots\cdots$$

$$END\ m；$$

其中，m 为标号，标明嵌套的层次，即 WHILE 语句最多可嵌套 3 层。

WHILE 语句的作用是当指定的条件表达式满足时，执行从 DO 到 END 之间的程序，否则，转到 END 后的程序段。

4. 宏程序的调用

调用宏程序一般有 G65 非模态调用、G66 模态调用、用 G 代码调用等几种方法。

1）G65 非模态调用

G65 非模态调用的格式为：

$$G65 \quad P \times \times \times \times \quad L \times \times \times \times \quad 自变量地址；$$

其中，P 指定调用宏程序的程序号，L 指定从 1 到 9999 的重复调用次数。省略 L 时，认为 L 等于 1。

G65 调用宏程序时，自变量地址指定的数据能传递到宏程序体中，被赋值到相应的局部变量。自变量地址与变量号的对应关系如表 3-12 所示。不需要指定的地址可以省略，地址不需要按字母顺序指定，I、J、K 除外。

表 3-12　自变量地址与变量号的对应关系

自变量地址	变　量　号	自变量地址	变　量　号	自变量地址	变　量　号
A	#1	I	#4	T	#20
B	#2	J	#5	U	#21
C	#3	K	#6	V	#22
D	#7	M	#13	W	#23
E	#8	Q	#17	X	#24
F	#9	R	#18	Y	#25
H	#11	S	#19	Z	#26

G65 宏程序调用和 M98 子程序调用是有区别的：G65 可指定自变量，M98 则没有此功能；当 M98 程序段包含另一个 NC 指令时，在执行 NC 指令之后调用子程序，G65 则是无条件地调用宏程序；G65 可以改变局部变量的级别，M98 则不能改变局部变量的级别。

2）G66 模态调用

指定 G66 后，在每个沿轴移动的程序段后调用宏程序。G67 用于取消模态调用。G66 模态调用的格式为：

G66　P××××　L××××　自变量地址；

其中,P 指定调用宏程序的程序号,L 指定从 1 到 9999 的重复调用次数。与 G65 非模态调用相同,自变量地址指定的数据能传递到宏程序体中。指定 G67 后,其后面的程序不再执行模态宏程序调用。注意,在 G66 程序段中,不能调用多个宏程序。

3）用 G 代码调用宏程序

FANUC 0i 系统允许用户自定义 G 代码,通过设置参数（No. 6050～No. 6059）中相应的 G 代码（1～9999）来调用对应的宏程序（O9010～O9019）,调用宏程序的方法与 G65 相同。参数号与程序号之间的对应关系如表 3-13 所示。

表 3-13　参数号与程序号之间的对应关系

程 序 号	参 数 号	程 序 号	参 数 号
O9010	6050	O9015	6055
O9011	6051	O9016	6056
O9012	6052	O9017	6057
O9013	6053	O9018	6058
O9014	6054	O9019	6059

修改上述参数时应先在 MDI 方式下修改参数写入属性为"1",如果参数写入属性为"0",则无法修改参数。

三、目标工件的数控车削编程

工件毛坯为 ϕ50 mm×100 mm 的棒料。根据加工内容,选择刀尖角为 35° 的机夹车刀,安装在 1 号刀位上,采用固定点换刀方式。选择椭圆中心线的交点为工件坐标系原点。椭圆面工件的加工程序如表 3-14 所示。

表 3-14　椭圆面工件的加工程序

程　序	说　明
O3004；	主程序名
G99 T0101 S800 M03；	用 G 指令建立工件坐标系
G00 X100. Z100. ；	
X52. Z37. ；	快速定位
G94 X0. Z35. F0.2；	车端面
#105＝45；	给变量赋值
WHILE[#105GE0]　DO1；	循环语句
N10 M98 P5301；	调用子程序
#105＝#105－5；	插补运算
END1；	插补结束
G00 X100. Z100. ；	
M30；	主程序结束并返回

续表

程　　序	说　　明
O5301；	子程序名
＃1＝35；	
G01 Z[＃1＋1]；	
N20＃4＝24＊SQRT[1－＃1＊＃1/1225]；	
G01 Z＃1；	
X[＃4＊2＋＃105]；	
＃1＝＃1－0.1；	
IF[＃1GE－20] GOTO20；	
G01 Z－25.35；	
X54.；	
G00 Z2.；	
M99；	返回主程序

金属零件的数控铣削训练

数控铣床是采用铣削方式加工零件的数控机床,能完成各种平面、沟槽、螺旋槽、平面曲线、空间曲线等的加工。

◀ 任务一　数控铣床的操作 ▶

【任务目标】

本任务的目标是掌握图 4-1 所示 FANUC 0i 系统数控铣床操作面板上各按键的功能,以及数控铣床的基本操作方法。数控系统 MDI 功能键说明参照表 3-2,这里不再叙述。

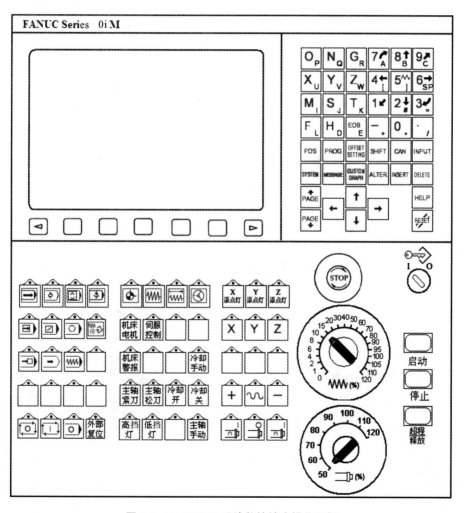

图 4-1　FANUC 0i 系统数控铣床操作面板

【任务相关内容】

一、数控铣床概述

1. 数控铣床的组成

数控铣床由控制介质、人机交互设备、数控装置、进给伺服驱动系统、主轴驱动系统、辅助控制装置、可编程控制器(PLC)、反馈系统等组成,如图 4-2 所示。

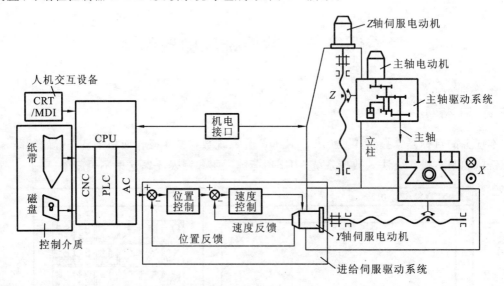

图 4-2　数控铣床的组成

2. 数控铣床的分类

1) 按主轴的布置形式分类

数控铣床按主轴的布置形式可分为立式数控铣床和卧式数控铣床,如图 4-3 所示。

(a) 立式数控铣床　　　　(b) 卧式数控铣床

图 4-3　按主轴的布置形式分类

2) 按功能分类

数控铣床按功能可分为经济型数控铣床、全功能型数控铣床和高速数控铣床,如图 4-4 所示。

(a) 经济型数控铣床

(b) 全功能型数控铣床

(c)高速数控铣床

图 4-4   按功能分类

3. 数控铣床的布局形式

数控铣床加工工件时和普通铣床一样,由刀具或者工件作主运动,由刀具与工件进行相对的进给运动,以加工一定形状的工件表面。根据工件重量和尺寸的不同,数控铣床有四种布局形式,如表 4-1 所示。

表 4-1   数控铣床的四种布局形式

图 示	运 动 分 配 说 明	适 用 范 围
	由工件完成三个方向的进给运动,分别由工作台、滑鞍、升降台来实现	适合于加工较轻的工件
	工件不进行垂直方向的进给运动,而是由铣头带着刀具来完成垂直方向的进给运动	适合于加工较重或者尺寸较大的工件
	工作台载着工件完成一个方向的进给运动,其他两个方向的进给运动由多个刀架来完成	适合于加工较重的工件

续表

图　　示	运动分配说明	适用范围
	进给运动均由铣头来完成	减小了铣床的结构尺寸和重量,适合于加工很大、很重的工件

二、数控铣床操作面板按键及功能

1. 方式选择按键

方式选择按键说明如表 4-2 所示。

表 4-2　方式选择按键说明

按　键	按键名称	说　　明	按　键	按键名称	说　　明
	AUTO	自动方式		REF	回参考点
	EDIT	编辑方式		JOG	手动方式
	MDI	手动输入方式		INC	增量进给
	DNC	用 RS232 电缆线连接 PC 机和数控铣床,选择程序传输加工		HND	手轮方式移动铣床

2. 进给轴与方向选择按键

进给轴与方向选择按键如图 4-5 所示。其中,⌇⌇为快进键,按下该键后,该键上的小红灯亮,表明快进功能开启,再按一下该键,该键上的小红灯灭,表明快进功能关闭。

3. 倍率选择旋钮

1）进给速度调节旋钮

进给速度调节旋钮如图 4-6 所示,用来调节进给速度。

2）主轴转速调节旋钮

主轴转速调节旋钮如图 4-7 所示,用来调节主轴转速。

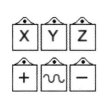

图 4-5　进给轴与方向选择按键

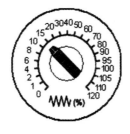

图 4-6　进给速度调节旋钮

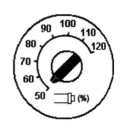

图 4-7　主轴转速调节旋钮

4. 运行方式按键

运行方式按键说明如表 4-3 所示。

表 4-3　运行方式按键说明

按　　键	按键名称	说　　明	按　　键	按键名称	说　　明
	单段运行	每按一次该键,执行一条程序指令		机床锁定	按下此键,机床各轴被锁定
	程序段跳跃	在自动方式下按下此键,会将前面有"/"标记的程序段跳过		空运行	按下此键,各轴以固定的速度运动
	程序选择停止	在自动方式下,遇到 M01 程序停止		手动示教	
	重新启动	由于刀具损坏等原因使程序自动停止后,程序可从指定的程序段重新运行			

5. 其他按键

1）急停键

急停键如图 4-8 所示,用于锁住铣床。按下急停键后,数控铣床立即停止运行。

2）系统启动/停止键

系统启动/停止键如图 4-9 所示,用于开启和关闭数控系统。

3）程序编辑开关

程序编辑开关如图 4-10 所示,置于"I"位置时,可编辑程序。

6. 手轮

手轮如图 4-11 所示。在手轮方式下,选择坐标轴移动倍率,手轮顺时针转动,相应轴往正方向移动,手轮逆时针转动,相应轴往负方向移动。

三、数控铣床的基本操作

1. 通电开机

（1）检查数控铣床的外观是否正常。

（2）打开位于铣床后面的电控柜上的总电源开关。

（3）按下操作面板上的启动键，系统通电，几秒钟后，CRT 显示屏上出现图 4-12 所示的位置显示界面。

图 4-8　急停键

图 4-9　系统启动/停止键

图 4-10　程序编辑开关

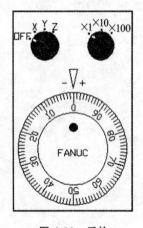

图 4-11　手轮

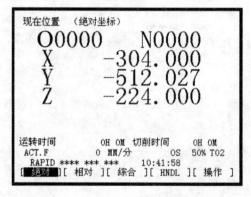

图 4-12　系统通电后的位置显示界面

2. 回参考点

先按下 ⊙ 键，然后在进给轴与方向选择按键中按下"X"键，再按下"＋"键，X 轴返回参考点；按下"Y"键，再按下"＋"键，Y 轴返回参考点；按下"Z"键，再按下"＋"键，Z 轴返回参考点。

3. MDI 操作

（1）按下 ▦ 键，铣床进入 MDI 工作方式。

（2）按下 ▭ 键，CRT 显示屏上出现图 4-13 所示的 MDI 状态程序显示界面。

（3）按软键"MDI"，自动出现加工程序名。

（4）输入测试程序，如"M03 S800"，按下 ▭ 键，测试程序被输入，如图 4-14 所示。

（5）按下 ▭ 键，运行测试程序。

（6）如果遇到 M02 或 M30 指令，停止运行或按下 ▭ 键结束程序。

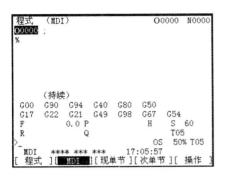

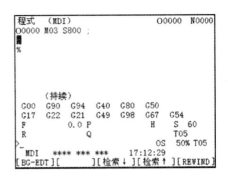

图 4-13　MDI 状态程序显示界面

图 4-14　测试程序的输入

4．对刀

1）X、Y 轴方向的对刀

（1）采用百分表（或千分表）对刀。

如图 4-15 所示，在手轮方式下，用磁性表座将百分表吸在数控铣床主轴的端面上，并手动转动主轴。手动操作使旋转的表头按照 X、Y、Z 的顺序逐渐靠近侧壁（或圆柱面）。移动 Z 轴，使表头压住被测表面，指针转动约 0.1 mm。逐步减小手轮的 X、Y 移动量，使表头旋转一周时，其指针的跳动量在允许的对刀误差内，此时可认为主轴的旋转中心与被测孔中心重合。记下此时机床坐标系中的 X、Y 坐标值，此 X、Y 坐标值即为 G54 指令建立工件坐标系时的偏置值。

（2）采用寻边器对刀。

常用的寻边器有偏心式和电子式两种，如图 4-16 所示。

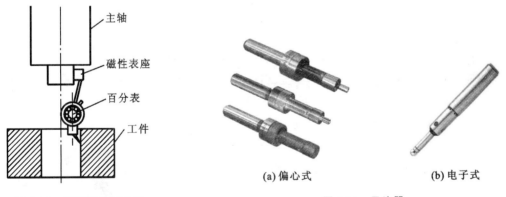

（a）偏心式　　　（b）电子式

图 4-15　采用百分表对刀　　　　图 4-16　寻边器

电子式寻边器（也叫电子感应器）的结构如图 4-17 所示。将电子式寻边器装夹在主轴上，其柄部和触头之间有一个固定的电位差，当触头与金属工件接触时，会通过床身形成回路，寻边

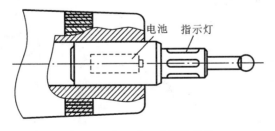

图 4-17　电子式寻边器的结构

器上的指示灯就会被点亮。逐步降低步进增量,使触头与金属工件表面处于极限接触状态(进一步即点亮,退一步则熄灭),此时可认为定位到工件表面位置处。

(3) 采用机外对刀仪(刀具预调仪)对刀。

机外对刀仪如图 4-18 所示。机外对刀仪用来测量刀具的长度、直径和角度。刀库中存放的刀具的主要参数都要有准确的值,这些参数值在编制加工程序时都要加以考虑。使用过程中因刀具损坏需要更换新刀具时,用机外对刀仪可以测出新刀具的主要参数值,以掌握新刀具与原刀具的偏差,然后通过修改刀补值确保正常加工。此外,利用机外对刀仪还可以测量刀具切削刃的角度等参数,这样有助于提高加工质量。机外对刀仪由刀柄定位机构、测头与测量机构、测量数据处理装置三部分组成。

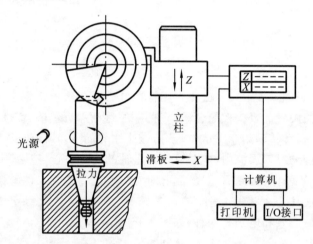

图 4-18 机外对刀仪

2) Z 轴方向的对刀

Z 轴方向对刀的方法与 X、Y 轴方向对刀的方法基本相同。除此之外,还可利用图 4-19 所示的 Z 向对刀器进行精确对刀。对刀时,将刀具的端刃与工件表面或 Z 向对刀器的测头接触,利用显示的机床坐标来确定对刀值。使用 Z 向对刀器对刀时,要将 Z 向对刀器的高度考虑进去。采用 Z 向对刀器对刀的操作示意图如图 4-20 所示。

(a) 机械式　　　(b) 电子式

图 4-19 Z 向对刀器

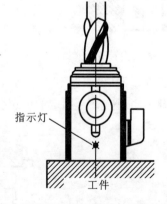

图 4-20 采用 Z 向对刀器对刀的操作示意图

5. 数控程序的编辑与输入

数控程序可直接用数控系统的 MDI 键盘输入,操作方法如下。

(1) 按下 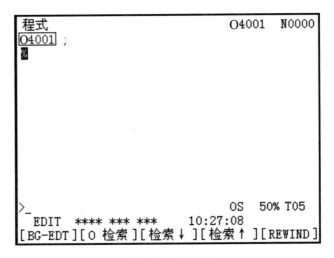键，进入编辑状态，再按下 键，进入编辑页面。

(2) 输入数控程序名，如"O4001"，再按下 键，数控程序名被输入。

(3) 按下 键，输入"；"，CRT 显示屏上出现图 4-21 所示的空程序。

(4) 利用 MDI 键盘，在输入一段程序后，按下 键，再按下 键，则此段程序被输入。

(5) 接着进行下一段程序的输入，用同样的方法，可将数控程序完整地输入到数控系统中。

(6) 利用方位键 或 键，将程序复位。

```
程式                        O4001   N0000
O4001  ;
▨▨




                           OS    50% T05
>_
 EDIT  **** *** ***     10:27:08
[BG-EDT][O 检索][检索↓][检索↑][REWIND]
```

图 4-21 空程序

◀ 任务二 轮廓工件的数控铣削编程 ▶

【任务目标】

本任务的目标是完成图 4-22 所示轮廓工件的数控铣削编程，并掌握相关指令的应用。

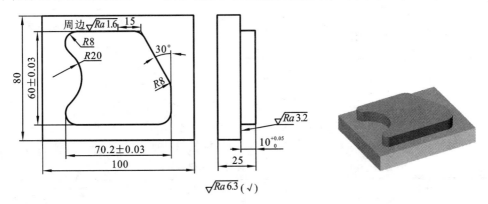

图 4-22 轮廓工件图样

【任务相关内容】

一、相关编程指令

1. 快速定位指令 G00

G00 是快速定位指令,可以使刀具以点定位控制方式从刀具所在点快速运动到下一个目标位置。它只是快速定位,而无运动轨迹要求,且无切削加工过程。当 X 轴和 Y 轴的进给速度相同时,从 A 点到 B 点的快速定位路线为 A→C→B,即以折线的方式到达 B 点,而不是以直线方式从 A 点到 B 点。G00 走刀路线如图 4-23 所示。

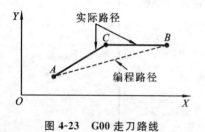

图 4-23　G00 走刀路线

G00 一般用于加工前的快速定位或加工后的快速退刀。G00 为模态功能指令代码,可由 G01、G02、G03 功能指令注销。

G00 指令的书写格式为:

G00 X-Y-Z-;

其中,X、Y、Z 是快速定位终点的坐标值,在 G90 时为终点在工件坐标系中的坐标值,在 G91 时为终点相对于起点的位移量。

G00 指令中的快速移动由机床参数快速进给速度对各轴分别设定,不能用 F 规定。

提示　刀具向下运动时,不能以 G00 速度运动切入工件,一般应离工件有 5～10 mm 的安全距离,不能在移动过程中碰到机床、夹具等。

2. 直线插补指令 G01

G01 规定刀具以联动的方式,按 F 规定的合成进给速度,从当前位置按线性路线移动到程序段指定的终点。G01 走刀路线如图 4-24 所示。G01 是模态功能指令代码,可由 G00、G02、G03 功能指令注销。

G01 指令的书写格式为:

G01 X-Y-Z-F-;

其中,X、Y、Z 是线性进给终点的坐标值,在 G90 时为终点在工件坐标系中的坐标值,在 G91 时为终点相对于起点的位移量,F 为合成进给速度。

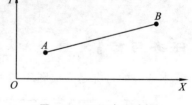

图 4-24　G01 走刀路线

3. 圆弧插补指令 G02/G03

G02/G03 指令的书写格式为:

G17 G02/G03 X-Y-R-F-或 G17 G02/G03 X-Y-I-J-F-;
G18 G02/G03 X-Z-R-F-或 G18 G02/G03 X-Z-I-K-F-;
G19 G02/G03 Y-Z-R-F-或 G19 G02/G03 Y-Z-J-K-F-;

G17、G18、G19 为平面选择指令。铣床的三个坐标轴构成了三个平面,如表 4-4 所示。

表 4-4　平面与 G 代码

G 代 码	平　面	垂直坐标轴
G17	XOY	Z
G18	ZOX	Y
G19	YOZ	X

立式铣床和加工中心上加工圆弧与刀具半径补偿的平面为 XOY 平面,即 G17 平面,长度补偿方向为 Z 轴方向。

4. 刀具补偿功能

1) 刀具长度补偿

刀具长度补偿使刀具垂直于进给平面偏移一个刀具长度修正值。一般来说,刀具长度补偿对于两坐标和三坐标联动数控加工是有效的,但对于刀具摆动的四坐标、五坐标联动数控加工,刀具长度补偿则无效,在进行刀位计算时可以不考虑刀具长度,但后置处理计算过程中必须考虑刀具长度。刀具长度补偿在发生作用前,必须先进行刀具参数的设置。设置的方法有机内试切法、机内对刀法、机外对刀法和编程法。有的数控系统补偿的是刀具的实际长度与标准长度的差值,如图 4-25(a)所示,有的数控系统补偿的是刀具相对于相关点的长度,如图 4-25(b)和图 4-25(c)所示。

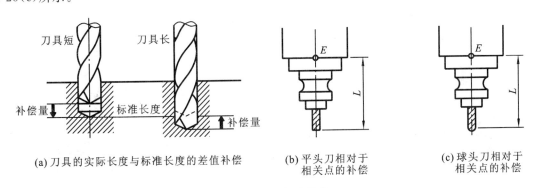

(a) 刀具的实际长度与标准长度的差值补偿   (b) 平头刀相对于相关点的补偿   (c) 球头刀相对于相关点的补偿

图 4-25 刀具长度补偿

(1) 刀具长度补偿的建立。

刀具长度补偿的格式为:G43/G44 Z-H-或 G43/G44 H-。

根据上述指令,把 Z 轴移动指令终点的坐标值加上(G43)或减去(G44)补偿存储器设定的补偿值。由于将编程时设定的刀具长度和实际加工所使用的刀具长度的差值设定在补偿存储器中,故无须变更程序便可以对刀具长度的差值进行补偿,这里的补偿又称为偏移。

G43、G44 指令指明补偿方向,H 代码指定设定在补偿存储器中的补偿量。

(2) 补偿方向。

G43 表示正补偿,G44 表示负补偿。无论是绝对值指令还是增量值指令,在 G43 时,程序中 Z 轴移动指令终点的坐标值加上用 H 代码指定的补偿量,其最终计算结果为终点的坐标值。G43、G44 为模态 G 代码,在同一组的其他 G 代码出现之前一直有效。

(3) 补偿量。

H 代码指定补偿号。补偿量与补偿号相对应,由 CRT/MDI 操作面板预先输入到补偿存储器中。

(4) 刀具长度补偿的取消。

指令 G49 或者 H00 用于取消刀具长度补偿。一旦设定了 G49 或 H00,立刻取消刀具长度补偿。

2) 刀具半径补偿

刀具半径补偿有两种补偿方式,分别称为 B 型刀补和 C 型刀补。B 型刀补在工件轮廓的拐角处用圆弧过渡,这样在外拐角处,由于补偿过程中刀具的切削刃始终与工件尖角接触,使工件上的尖角变钝,在内拐角处则会引起过切现象。C 型刀补采用了比较复杂的刀偏矢量计算的数学模型,彻底消除了 B 型刀补存在的不足。下面仅讨论 C 型刀补。

(1) 刀具半径补偿的目的。

在数控铣床上进行轮廓的铣削加工时,由于刀具半径的存在,刀具中心轨迹和工件轮廓不重合。如果数控系统不具备刀具半径补偿功能,则只能按刀具中心轨迹来编程,即在编程时给出刀具中心的运动轨迹,其计算过程相当复杂,尤其是当刀具磨损或换新刀而使刀具半径发生变化时,必须重新计算刀具中心轨迹,修改程序,这样既烦琐,又难以保证加工精度。当数控系统具备刀具半径补偿功能时,只需要按工件轮廓来编程,数控系统会自动计算刀具中心轨迹。刀具半径补偿如图 4-26 所示。

(2) 刀具半径补偿功能的应用。

如果数控系统具备刀具半径补偿功能,则当刀具磨损或换新刀而使刀具半径发生变化时,不必修改程序,只需要在刀具参数表中输入变化后的刀具半径。如图 4-27 所示,1 为未磨损刀具,2 为磨损后的刀具,两者半径不同,只需要将刀具参数表中的刀具半径 r_1 改为 r_2,即可运用同一程序。另外,同一程序、同一尺寸的刀具,利用刀具半径补偿,可进行粗、精加工。

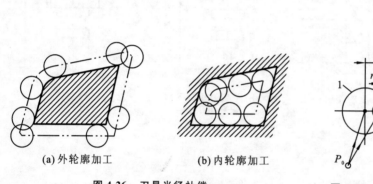

(a) 外轮廓加工　　　(b) 内轮廓加工

图 4-26　刀具半径补偿

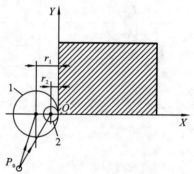

图 4-27　刀具半径变化,加工程序不变
1—未磨损刀具;2—磨损后的刀具

(3) 刀具半径补偿的建立与取消。

铣削加工刀具半径补偿分为刀具半径左补偿(用 G41 定义)和刀具半径右补偿(用 G42 定义)。当刀具中心轨迹沿前进方向位于零件轮廓的右边时称为刀具半径右补偿,反之则称为刀具半径左补偿。当不需要进行刀具半径补偿时,则用 G40 取消刀具半径补偿。补偿方向由刀具半径补偿的 G 代码(G41、G42)和补偿量的符号决定,如表 4-5 所示。

表 4-5　补偿方向的确定

G 代 码	补偿量的符号	
	＋	－
G41	补偿左侧	补偿右侧
G42	补偿右侧	补偿左侧

二、目标工件的数控铣削编程

轮廓选用 ϕ35 mm 立铣刀进行粗、精加工。加工时,先粗加工成矩形轮廓,再加工成形。选择工件上表面的对称中心作为工件坐标系原点,刀具加工起点选在距工件上表面 10 mm 处。

轮廓工件的加工程序如表 4-6 所示。

表 4-6 轮廓工件的加工程序

程　序	说　明
O4001；	主程序名
G17 G54 G90 G80 G40 G49 T0101；	设置初始状态
M03 S300；	主轴以 300 r/min 的速度正转
G00 X100．Y－15．；	快速定位
G43 H01 Z10．；	建立刀具长度补偿
G00 Z－10．；	
G41 G01 X60．Y－30.01 F100．；	建立刀具半径补偿
G01 X－35.1；	粗加工外轮廓
Y30．；	
X35.1；	
Y－50．；	
G40 X50．；	
G49 G00 Z150．；	抬刀
S360；	主轴以 360 r/min 的速度正转
G00 X100．Y－50．；	快速定位
G43 H01 Z10．；	建立刀具长度补偿
M08；	切削液开
G00 Z－10．；	
G41 G01 D01 Y－30.X60.F150．；	精加工外轮廓
X－28．；	
G02 X－31.95 Y－15.71 R8．；	
G03 Y15.71 R20．；	
G02 X－28.Y30.R8．；	
G01 X10.38；	
G02 X17.31 Y26.R8．；	
G01 X33.93 Y－2.78；	
G02 X35.Y－6.78 R8．；	
G01 Y－22．；	
G02 X28.Y－30.R8．；	
G01 X－60．；	
Y－50.G40；	退刀,取消刀具半径补偿
G49 G00 Z150.M05 M09；	抬刀,取消刀具长度补偿
M30；	

◀ 任务三　型腔工件的数控铣削编程 ▶

【任务目标】

本任务的目标是完成图 4-28 所示型腔工件的数控铣削编程，并掌握相关指令的应用。

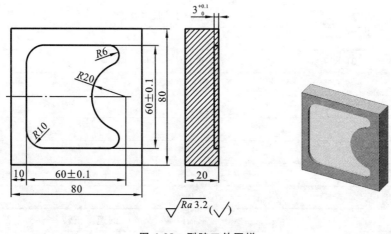

图 4-28　型腔工件图样

【任务相关内容】

一、子程序的调用和返回

主程序在执行过程中如果需要某一子程序，可以通过调用指令来调用该子程序。系统在子程序执行结束后自动返回主程序，继续执行后面的程序段。子程序的使用既可以减少不必要的重复编程，也可以提高存储器的利用率。

子程序调用格式为：

$$M98 \ P×××× \quad ××××;$$

P 后面的八位数字中，前四位表示调用次数，省略时表示调用一次，后四位表示子程序号。

在主程序中通过 M98 指令调用子程序，最多可以调用 9999 次。子程序结束时通过 M99 指令返回主程序。子程序的程序名与程序段的结构和主程序的相同，编辑方法和主程序的相同，如图 4-29 所示。

使用子程序时，应注意主程序中的编程方式可能会被子程序改变。例如，主程序采用 G90 方式编程，而子程序采用 G91 方式编程，则返回主程序时为 G91 编程方式，编程者应根据需要选择相应的编程方式。另外，在主程序调用子程序时，如果需要刀具半径补偿，最好在子程序中建立和取消刀具半径补偿，不要在刀具半径补偿状态下调用子程序，否则，系统可能会出现程序出错报警，如图 4-30 所示。

二、目标工件的数控铣削编程

该任务的目标工件加工余量不多，采用环切法由里向外加工。工件坐标系原点选在工件上

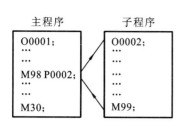

图 4-29　主程序和子程序

（a）错误格式　　　（b）正确格式

图 4-30　子程序调用中的刀具半径补偿

表面的对称中心,刀具加工起点选在距工件上表面 10 mm 处。型腔选用 ϕ35 mm 立铣刀一次进给走刀完成。型腔工件的加工程序如表 4-7 所示。

表 4-7　型腔工件的加工程序

程　　　　序	说　　　明
O4002；	主程序名
G90 G49 G40 G80；	设置初始状态
G54 M03 S1000 T0101；	设置加工参数
G00 G43 X−10. Y10. Z5. H01；	快速定位
G01 Z−2.7 F50.；	下刀
M98 P0301；	调用子程序粗加工轮廓
G00 Z100.；	抬刀
M05；	主轴停
M00；	
M03 S1200 T0202；	
G00 G43 X0. Y10. Z5. H02；	快速定位
G01 X−10. Z−3. F50.；	
M98 P0301；	调用子程序精加工轮廓
G00 Z100.；	抬刀
M02；	程序结束
O0301；	子程序名
G01 X−10. Y−10. F70.；	
X−17. Y−17.；	
X−1.716；	
G02 Y17. R35.；	
G01 X−17.；	
Y−17.；	
G41 X−30. Y−20. D1；	建立刀具半径补偿
G03 X−20. Y−30. R10.；	
G01 X20.；	

续表

程　　序	说　　明
G03 X22.308 Y−18.462 R6.;	
G02 Y18.462 R20.;	
G03 X20.Y30.R6.;	
G01 X−20.;	
G03 X−30.Y20.R10.;	
G01 Y−20.;	
G40 X−10.Y10.;	取消刀具半径补偿
M99;	子程序结束

◆ 任务四　孔工件的数控铣削编程 ▶

【任务目标】

本任务的目标是完成图 4-31 所示孔工件的数控铣削编程，并掌握相关指令的应用。

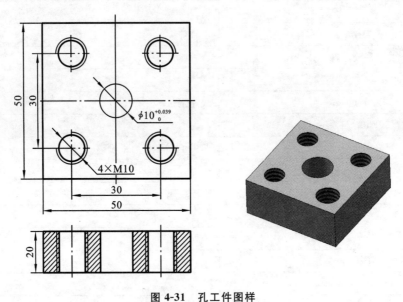

$\phi 10^{+0.039}_{0}$

4×M10

图 4-31　孔工件图样

【任务相关内容】

一、相关编程指令

根据刀具的运动位置，孔加工循环的平面可以分为四个平面：初始平面（点）、R 平面、工件平面和孔底平面，如图 4-32 所示。初始平面是为了保证安全操作而设定的刀具平面。R 平面又叫参考平面，这个平面表示刀具从快进转为工进的转折位置，R 平面距工件表面的距离主要考虑工件表面形状的变化,一般可取 $2\sim5$ mm。孔底平面也叫 Z 平面。加工通孔时,刀具应伸出工件孔底平面一段距离,以保证通孔全部加工到位;钻削盲孔时,应考虑钻头钻尖对孔深的影响。

图 4-33 所示为孔加工固定循环中刀具的运动与动作,虚线表示快速进给,实线表示切削进给。在孔加工过程中,刀具要完成以下 6 个动作。

(1) 动作 1:快速定位至初始点。

(2) 动作 2:快速定位至 R 平面,即刀具自初始点快速进给到 R 平面。

(3) 动作 3:孔加工,即以切削进给的方式完成孔加工的动作。

(4) 动作 4:在孔底的相应动作,包括暂停、主轴准停、刀具移位等动作。

(5) 动作 5:返回到 R 平面。

(6) 动作 6:快速返回到初始平面,即孔加工完成后返回到初始平面。

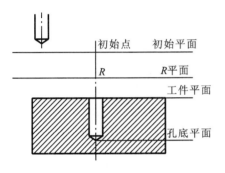

图 4-32　孔加工循环的平面

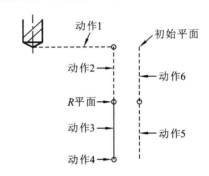

图 4-33　孔加工固定循环中刀具的运动与动作

1. 孔加工固定循环指令

G98 指令表示刀具返回到初始平面,G99 指令表示刀具返回到 R 平面。G98 指令与 G99 指令的区别如图 4-34 所示。

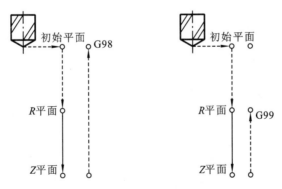

图 4-34　G98 指令与 G99 指令的区别

孔加工固定循环指令的书写格式为:

$$G90\quad G99\quad G73\sim G89\ X\text{-}Y\text{-}Z\text{-}R\text{-}Q\text{-}K\text{-}P\text{-}F\text{-}L\text{-};$$
$$G91\quad G98\quad G73\sim G89\ X\text{-}Y\text{-}Z\text{-}R\text{-}Q\text{-}P\text{-}F\text{-}L\text{-};$$

其中,X、Y 指定孔加工的位置,Z 指定孔底平面的位置,R 指定 R 平面的位置,X、Y、Z、R 均与 G90 或 G91 指令的选择有关;Q 在 G73 指令中指定每次进给的加工深度,在 G76 或 G87 指令中指定位移量,Q 为增量值,与 G90 或 G91 指令的选择无关;K 在 G73 指令中指定每次进给后快速退回的一段距离,在 G83 指令中指定每次退刀后,由快速进给转换为切削进给时距上次加工面的距离;P 指定刀具在孔底的暂停时间;F 指定孔加工切削进给速度,该指令为模态指令,即使取消了固定循环,在其后的加工程序中仍然有效;L 指定孔加工的重复次数,如果程序中选择 G90 指令,则刀具在原来孔的位置上重复加工,如果选择 G91 指令,则用一个程序段对分布在一条直线上的若干个等距孔进行加工,L 指令仅在被指定的程序段中有效。

2. 孔加工相关指令

孔加工相关指令如表 4-8 所示。

表 4-8 孔加工相关指令

指令代码	孔加工方式(−Z 方向)	孔底动作	返回方式(+Z 方向)	用 途
G73	间歇进给	暂停、主轴正转	快速进给	高速深孔往复排屑钻孔
G74	切削进给	主轴定向停止、刀具移位	切削进给	攻左旋螺纹
G76	切削进给		快速进给	精镗孔
G80				取消孔加工固定循环
G81	切削进给		快速进给	钻孔
G82	切削进给	暂停	快速进给	锪孔
G83	间歇进给		快速进给	深孔往复排屑钻孔
G85	切削进给		切削进给	铰孔
G86	切削进给	主轴停转	快速进给	粗镗孔
G87	切削进给	主轴准停	快速进给	反镗孔
G88	切削进给	暂停、主轴停转	手动移动	粗镗孔
G89	切削进给	暂停	切削进给	粗镗孔

注:G80 为取消孔加工固定循环指令。如果中间出现了任何 01 组的 G 代码,则孔加工固定循环自动取消。因此,用 01 组的 G 代码取消孔加工固定循环,其效果与用 G80 指令是完全相同的。

如图 4-35(a)所示,选用绝对坐标方式 G90 指令时,Z 表示孔底平面相对于坐标原点的距离,R 表示 R 平面相对于坐标原点的距离;如图 4-35(b)所示,选用相对坐标方式 G91 指令时,R 表示初始平面至 R 平面的距离,Z 表示 R 平面至孔底平面的距离。

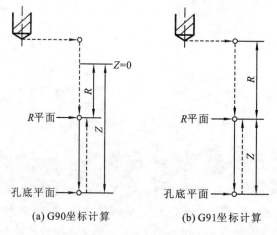

(a) G90坐标计算   (b) G91坐标计算

图 4-35　G90 与 G91 坐标计算

3. 孔加工相关指令说明

1）钻孔指令 G81 和锪孔指令 G82

这两种指令的书写格式为：

G81 X-Y-Z-R-F-；

G82 X-Y-Z-R-P-F-；

G81 指令常用于普通钻孔，其加工动作如图 4-36 所示，刀具从初始平面快速定位到指令中指定的 X、Y 坐标位置，再 Z 向快速定位到 R 平面，然后切削进给到孔底平面，最后从孔底平面 Z 向快速退回到 R 平面或初始平面。

G82 指令在孔底增加了进给后的暂停动作，如图 4-37 所示，以提高孔底的表面质量。该指令常用于锪孔。

提示　若 G82 指令中没有编写关于暂停的 P 参数，则 G82 指令的执行动作与 G81 指令的执行动作相同。

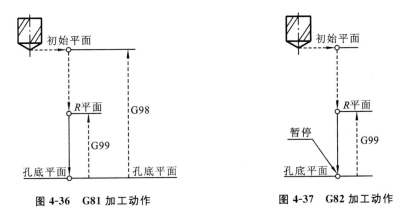

图 4-36　G81 加工动作　　　　　　图 4-37　G82 加工动作

2）高速深孔往复排屑钻孔指令 G73

G73 指令的书写格式为：

G73 X-Y-Z-R-Q-F-；

G73 用于深孔钻削，加工动作如图 4-38 所示，Z 轴方向的间歇进给有利于深孔加工过程中断屑与排屑。图中，Q 为每一次进给的加工深度，d 为退刀距离，由数控系统内部设定。

3）深孔往复排屑钻孔指令 G83

G83 指令的书写格式为：

G83 X-Y-Z-R-Q-F-；

G83 同样用于深孔加工，加工动作如图 4-39 所示。与 G73 指令略有不同的是每次刀具间歇进给后退至 R 平面，这种退刀方式可以使排屑顺畅，此处 d 表示刀具间歇进给每次下降时由快进转为工进的那一点至前一次切削进给下降点之间的距离，由数控系统内部设定。

4）铰孔循环指令 G85

G85 指令的书写格式为：

G85 X-Y-Z-R-F-；

G85 加工动作如图 4-40 所示。执行 G85 指令时，刀具以切削进给方式加工到孔底，然后以切削进给方式返回到 R 平面。

5）粗镗孔循环指令 G86、G88、G89

这三种指令的书写格式为：

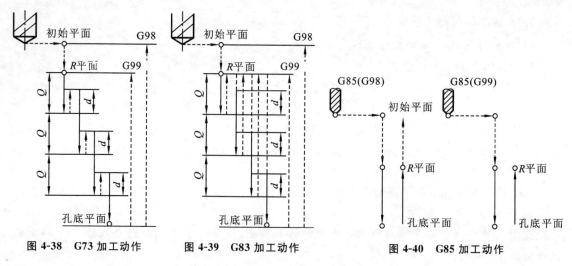

图 4-38 G73 加工动作　　　　图 4-39 G83 加工动作　　　　图 4-40 G85 加工动作

$$G86\ X\text{-}Y\text{-}Z\text{-}R\text{-}F\text{-};$$
$$G88\ X\text{-}Y\text{-}Z\text{-}R\text{-}P\text{-}F\text{-};$$
$$G89\ X\text{-}Y\text{-}Z\text{-}R\text{-}P\text{-}F\text{-};$$

粗镗孔循环指令加工动作如图 4-41 所示。

执行 G86 指令时,刀具以切削进给方式加工到孔底,然后主轴停转,刀具快速退至 R 平面,主轴正转。采用这种方式退刀,刀具在退回过程中容易在工件表面划出痕迹,因此该指令常用于表面粗糙度要求不高的镗孔加工。

G89 加工动作与 G85 类似,不同的是 G89 加工动作在孔底增加了暂停。

G88 指令较为特殊,刀具以切削进给方式加工到孔底,刀具在孔底暂停后主轴停转,这时可通过手动方式从孔中安全退出刀具。这种加工方式虽然能提高孔的加工精度,但加工效率较低。

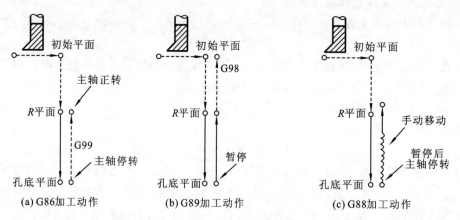

(a) G86加工动作　　　　(b) G89加工动作　　　　(c) G88加工动作

图 4-41 粗镗孔循环指令加工动作

6) 精镗孔循环指令 G76 与反镗孔循环指令 G87

这两种指令的书写格式为:

$$G76\ X\text{-}Y\text{-}Z\text{-}R\text{-}Q\text{-}P\text{-}F\text{-};$$
$$G87\ X\text{-}Y\text{-}Z\text{-}R\text{-}Q\text{-}F\text{-};$$

G76 与 G87 加工动作如图 4-42 所示。

在执行 G76 指令时,刀具以切削进给方式加工到孔底,主轴准停,然后刀具向刀尖相反方向移动 Q,使刀具脱离工件表面,保证刀具不擦伤工件表面,最后快速退刀至 R 平面或初始平面,主轴正转。

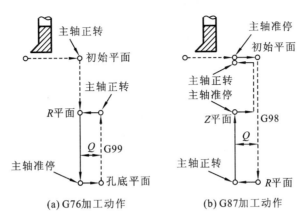

(a) G76加工动作　　　　　(b) G87加工动作

图 4-42　G76 与 G87 加工动作

在执行 G87 指令时,刀具在 G17 平面内快速定位后,主轴准停,刀具向刀尖相反方向偏移 Q,然后快速移至 R 平面,在这个位置刀具按原偏移量反向移动,主轴正转,并以切削进给方式加工到 Z 平面,主轴再次准停,并沿刀尖相反方向偏移 Q,快速退刀至初始平面并按原偏移量返回到 G17 平面的定位点,主轴开始正转,循环结束。

提示　G87 循环不能用 G99 进行编程。另外,采用 G87 和 G76 指令镗孔时,一定要在加工前验证刀具退刀方向的正确性,以保证刀具沿刀尖相反方向退刀。

7）攻螺纹指令 G74、G84

G74、G84 指令的书写格式为:

$$G74\ X\text{-}Y\text{-}Z\text{-}R\text{-}P\text{-}F\text{-};（攻左旋螺纹）$$
$$G84\ X\text{-}Y\text{-}Z\text{-}R\text{-}P\text{-}F\text{-};（攻右旋螺纹）$$

G74、G84 加工动作如图 4-43 所示。

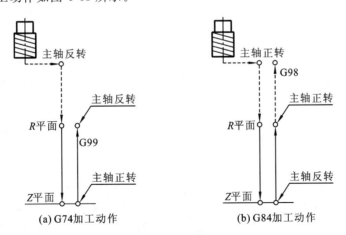

(a) G74加工动作　　　　　(b) G84加工动作

图 4-43　G74、G84 加工动作

G74 指令用于加工左旋螺纹。执行 G74 循环时,主轴反转,在 G17 平面内快速定位后快速移动到 R 平面,攻螺纹至孔底后,主轴正转,退回到 R 平面,完成攻螺纹动作。

G84 与 G74 基本类似,只是 G84 用于加工右旋螺纹。执行 G84 循环时,主轴正转,在 G17 平面内快速定位后快速移动到 R 平面,攻螺纹至孔底后,主轴反转,退回至 R 平面,完成攻螺纹动作。

二、目标工件的数控铣削编程

根据加工要求,先用 A5 中心钻钻出中心孔,再用 $\phi8.5$ mm 麻花钻钻出螺纹底孔,最后用 M10 丝锥攻出 4 个内螺纹。工件坐标系原点选在工件上表面的对称中心,刀具加工起点选在距工件上表面 5 mm 处。孔工件的加工程序如表 4-9 所示。

表 4-9 孔工件的加工程序

程 序	说 明
O4003;	
G90 G54 M03 S1000;	建立工件坐标系,调用 1 号刀具,主轴以 1000 r/min 的
G43 Z5. H1 M08;	速度正转,切削液开
G00 X−15. Y−15. Z5.;	快速定位
G99 G82 Z−3. R5. F100.;	
Y15.;	
X15.;	钻中心孔
Y−15.;	
X0. Y0.;	
G80 G00 Z200.;	抬刀
M09 M05 M00;	切削液关,主轴停,程序暂停
G43 Z5. H2 M08;	调用 2 号刀具,切削液开
M03 S800;	主轴以 800 r/min 的速度正转
G90 G54 G00 X−15. Y−15.;	快速定位
G99 G83 Z−23. R5. Q3 F100.;	设定进给量,钻第一个孔,快速降到参考点,钻深为−23 mm,钻完后返回 R 点,R 点的高度为 5 mm。每次退刀后由快速进给转为切削进给时,距上次加工面的距离为 0.6 mm
Y15.;	钻第二个孔
X15.;	钻第三个孔
Y−15.;	钻第四个孔
X0. Y0.;	钻第五个孔(中心孔)
G80 G00 Z200.;	取消模态调用,抬刀
M09 M05 M00;	切削液关,主轴停,程序暂停
G43 Z5. H3 M08;	调用 3 号刀具,切削液开
M03 S100;	主轴以 100 r/min 的速度正转
G00 X0. Y0.;	快速定位
G43 Z5. H3;	调用 3 号刀具(铰刀)

续表

程 序	说 明
G99 G81 Z－23.R5. F50.；	铰孔
G80 G00 Z200.；	取消模态调用,抬刀
M09 M05 M00；	切削液关,主轴停,程序暂停
M06 T0303；	换刀
G90 G54 G00 X－15.Y－15.；	
M03 S100；	
G43 Z5.H3 M08；	
G99 G84 Z－23.R5. F150.；	攻内螺纹
Y15.；	
X15.；	
Y－15.；	
G80 G00 Z200.；	
M09 M05；	
M30；	

◀ 任务五　曲面工件的数控铣削编程 ▶

【任务目标】

本任务的目标是完成图 4-44 所示曲面工件的数控铣削编程,并掌握宏程序的编程方法和技巧。

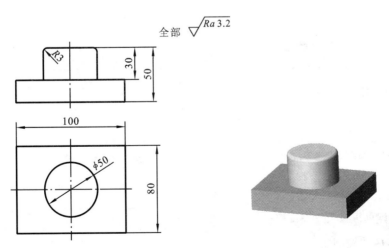

图 4-44　曲面工件图样

【任务相关内容】

一、相关编程指令

1. 宏程序中的变量

1）变量

在常规的主程序和子程序中,总是将一个具体的数值赋给一个地址。为了使程序具有通用性和灵活性,宏程序设置了变量。变量根据变量号可以分为四种类型,如表 4-10 所示。

表 4-10　变量的类型

变量号	变量类型	功能说明
#0	空变量	该变量总是为空,不能赋值
#1～#33	局部变量	局部变量只能用在程序中存储数据。断电时,局部变量被初始化为空。调用宏程序时,自变量对局部变量赋值
#100～#199 #500～#999	公共变量	公共变量在不同的宏程序中有不同的意义。断电时,变量 #100～#199 被初始化为空,变量 #500～#999 的数据被保存
#1000 以上	系统变量	系统变量用于读写数控机床运行时的各种数据,如刀具的当前位置

自变量地址与变量号的对应关系如表 4-11 所示。

表 4-11　自变量地址与变量号的对应关系

自变量地址	变量号	自变量地址	变量号	自变量地址	变量号
A	#1	I	#4	T	#20
B	#2	J	#5	U	#21
C	#3	K	#6	V	#22
D	#7	M	#13	W	#23
E	#8	Q	#17	X	#24
F	#9	R	#18	Y	#25
H	#11	S	#19	Z	#26

2）变量的赋值

变量可直接赋值,也可在宏程序的调用中赋值,举例如下。

(1) #100=100.;

(2) G65 P3001 L5 X100.Y100.Z−20.;其中,X、Y 和 Z 不表示坐标地址。赋值后,#24=100.,#25=100.,#26=−20.。

3）变量的运算

变量的运算可以参照表 3-11。

2. 宏程序中的控制指令

宏程序中的控制指令分为无条件转移指令、条件转移指令和循环指令三种。

1）无条件转移指令

无条件转移指令的格式为:

$$GOTO\ n;$$

其中,n 为程序段号。

2）条件转移指令

条件转移指令的格式为:

$$IF[条件表达式]\quad GOTO\ n;$$

当指定的条件表达式不满足时,执行下一个程序段;当指定的条件表达式满足时,转到程序段号为 n 的程序段。

3）循环指令

循环指令的格式为:

$$WHILE[条件表达式]\quad DO\ m;(m=1,2,3)$$

$$……$$

$$END\ m;$$

当指定的条件表达式满足时,执行从 DO 到 END 之间的程序;当指定的条件表达式不满足时,转到 END 后的程序段。

3.宏程序的格式与调用

宏程序的格式与子程序的格式完全相同。

调用宏程序一般有 G65 非模态调用、G66 模态调用、用 G 代码调用、用 M 代码调用等几种方法。

二、曲面的加工方法

复杂曲面的加工一般通过自动编程来实现,而对于比较简单的曲面的加工,则可以根据曲面的形状、刀具的形状以及精度要求,通过手工编程来实现。在数控铣削中,对于不太复杂的曲面的加工,使用较多的是两坐标联动的三坐标行切法。

两坐标联动的三坐标行切法是指在加工过程中选择 X、Y、Z 三个坐标轴中的任意两个坐标轴进行联动插补,并沿第三个坐标轴周期性进刀的加工方法。如图 4-45 所示,将工件沿 X 轴方向分成若干段,球头铣刀沿 YOZ 面所截的曲线进行铣削,每一段加工完成后沿 X 轴进给 Δx,加工另一段,如此依次铣削,可加工完整个曲面。Δx 要根据表面粗糙度的要求来确定。

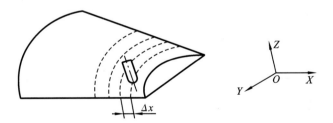

图 4-45　两坐标联动的三坐标行切法

采用行切法加工曲面时有两种走刀路线,如图 4-46 所示。采用图 4-46(a)所示的走刀路线时,每次都是沿直线加工,计算简单,程序少。采用图 4-46(b)所示的走刀路线时,每次都是沿曲线加工,便于加工后检验,但程序较多。

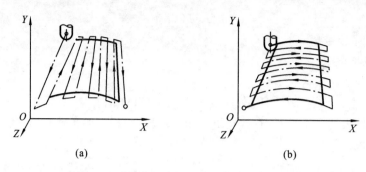

图 4-46　采用行切法加工曲面的两种走刀路线

三、目标工件的数控铣削编程

根据加工要求,先用 ϕ35 mm 立铣刀分六层铣削平面轮廓(切除圆柱面多余余量,圆周留 2 mm 精铣余量),再用 ϕ16 mm 立铣刀分层铣削圆柱面,最后用 ϕ10 mm 球头铣刀进行 $R3$ 倒角。工件坐标系原点选在工件上表面的对称中心,起刀点选在工件左上角上方 50 mm 处。曲面工件的加工程序如表 4-12 所示。

表 4-12　曲面工件的加工程序

程　序	说　明
O4004;	
G90 G54 G40 G49;	加工准备
T0101 M03 S500;	
G00 X−43.5 Y−62.5 Z−50.;	至起刀点
G01 Z−5. F80.;	Z 向进刀
X−43.5 Y43.5;	
X43.5 Y43.5;	
X43.5 Y−43.5;	第一刀
X−43.5 Y−43.5;	
X−62.5;	
Z−10.;	
X−43.5 Y43.5;	
X43.5 Y43.5;	
X43.5 Y−43.5;	第二刀
X−43.5 Y−43.5;	
X−62.5;	
Z−15.;	
X−43.5 Y43.5;	
X43.5 Y43.5;	
X43.5 Y−43.5;	第三刀
X−43.5 Y−43.5;	

续表

程　　序	说　　明
X－62. 5;	
Z－20. ;	
X－43. 5 Y43. 5;	第四刀
X43. 5 Y43. 5;	
X43. 5 Y－43. 5;	
X－43. 5 Y－43. 5;	
X－62. 5;	
Z－25. ;	
X－43. 5 Y43. 5;	第五刀
X43. 5 Y43. 5;	
X43. 5 Y－43. 5;	
X－43. 5 Y－43. 5;	
X－62. 5;	
Z－30. ;	
X－43. 5 Y43. 5;	第六刀
X43. 5 Y43. 5;	
X43. 5 Y－43. 5;	
X－43. 5 Y－43. 5;	
G00 Z100. ;	
M05;	
T0202 M06;	换 2 号刀,准备铣削圆柱面
M03 S800;	
G17 G00 G90 Z50. ;	
X60. Y50. ;	
G43 G00 Z0. H02;	
♯1＝5	
♯2＝30	
WHILE[♯1LE♯2] DO1;	
G01 Z[－♯1] F500. ;	
G41 X25. D02 F120. ;	
Y0. ;	
G02 I－25. ;	
G01 Y－50. ;	
G00 G40 X60. ;	
Y50. ;	

程　序	说　明
#1＝#1＋5；	
END1；	
G00 Z100.；	
M05；	
T0303 M06；	换3号刀,准备进行R3倒角
M03 S3000；	
G00 G90 Z50.；	
X32. Y30.；	
G43 G00 Z5. H03；	
#1＝0	初始角度
#2＝90；	终止角度
#3＝3；	倒角半径
#4＝5；	刀具半径
WHILE［#1LE#2］ DO1；	
#5＝［#3＋#4］＊COS［#1］－#3；	计算刀具偏置值
#6＝［#3＋#4］＊SIN［#1］－［#3＋#4］；	计算Z坐标
G01 Z#6 F600.；	
G01 L12 P1 R#5；	
G41 D03 X25.；	
Y0.；	
G02 I－25.；	
G01 Y－10.；	
G40 X32.；	
Y30.；	
#1＝#1＋5；	变量计算赋值
END1；	
G00 Z100.；	
M05；	
M30；	

[1] 张学政.金属加工与实训(基础常识与技能训练)[M].北京:中国劳动社会保障出版社,2010.

[2] 王雪婷,黄亮.金属加工与实训——基础常识与技能训练[M].北京:清华大学出版社,2016.

[3] 孙俊.金属加工与实训(基础常识与技能训练)学生指导用书[M].北京:中国劳动社会保障出版社,2010.

[4] 蒋增福,谭雪松.金属加工与实训(基础常识与技能训练)[M].北京:人民邮电出版社,2010.

[5] 李捷.金属加工与实训——技能训练[M].北京:机械工业出版社,2016.

[6] 谢耀林.金属切削加工(车削篇)[M].西安:西安交通大学出版社,2015.